校企合作教材

仪器分析实验

王可答　尉　靖　晏文武　著

哈爾濱工業大學出版社

内容简介

本教材以“产教融合、知行合一”为核心理念，致力于构建“理论—实践—产业”三位一体的教学体系。本教材分为5章，有51个实验，其中16个基础实验，28个综合实验，7个虚拟仿真实验，主要内容包括光谱分析实验、电化学分析实验、色谱分析实验和虚拟仿真实验等。

本教材适用于化学、制药工程、发酵工程、食品质量与安全等专业的本科教学，同时也可作为分析检测岗位的职业技能培训教材。通过“基本操作实验—校企合作实验—仿真实验”的立体化训练体系，培养具有规范操作能力、工程思维能力和质量控制意识的高素质技术人才，有效衔接高校人才培养与企业用人需求。

图书在版编目(CIP)数据

仪器分析实验/王可答，尉靖，晏文武著. —哈尔滨：哈尔滨工业大学出版社，2025.7. —ISBN 978－7－5767－2001－3

Ⅰ. O657－33

中国国家版本馆 CIP 数据核字第 20254S76E0 号

策划编辑　薛　力
责任编辑　雷　霞
封面设计　刘　乐
出版发行　哈尔滨工业大学出版社
社　　址　哈尔滨市南岗区复华四道街10号　邮编 150006
传　　真　0451－86414749
网　　址　http://hitpress.hit.edu.cn
印　　刷　哈尔滨博奇印刷有限公司
开　　本　787 mm×1 092 mm　1/16　印张 11　字数 267 千字
版　　次　2025年7月第1版　2025年7月第1次印刷
书　　号　ISBN 978－7－5767－2001－3
定　　价　36.00 元

前　言

《仪器分析实验》是由绥化学院与黑龙江新和成生物科技有限公司联合编写的校企合作教材，以“产教融合、知行合一”为核心理念，致力于构建“理论—实践—产业”三位一体的教学体系。本教材突破传统实验教材的编写模式，通过校企深度协同，将高校理论教学与企业检测场景有机衔接，使学生能够在实际应用场景中灵活运用所学知识，为学生提供实践素材和案例，以促使他们掌握仪器分析相关知识和技能，为应用型人才培养提供创新性解决方案。

为突破大型仪器操作成本高、风险大及台套数限制，教材中融入了部分虚拟仿真实验。虚拟仿真实验对真实仪器操作界面与分析流程进行 1∶1 仿真模拟，学生扫描文后“虚拟仿真实验”二维码即可练习。虚拟环境支持反复演练与深度探究，有效强化实验原理认知与仪器操作规范，为线下实验奠定坚实基础，实现“虚实互补、协同增效”的教学目标。

本教材内容严格对标教学大纲，构建了“基本操作实验—校企合作实验—仿真实验”三级教学模块：基本操作实验模块涵盖光化学分析、电化学分析和色谱分析等核心领域，通过规范操作训练夯实学生专业基础；校企合作实验模块引入企业真实检测项目，培养学生系统性解决问题的能力；仿真实验模块精选黑龙江新和成生物科技有限公司生产研发中的典型分析任务，全景展现仪器分析在质量检测、工艺优化等实际场景中的应用。

本教材适用于化学、制药工程、发酵工程、食品质量与安全等专业的本科教学，同时也可作为分析检测岗位的职业技能培训教材。本教材具有三大特色优势：一是实验设计体现“真设备、真项目、真流程”，所有实验方案均经过企业生产验证；二是构建“课前预习—课中操作—课后拓展”的立体化学习体系，配套企业实景操作视频与虚拟仿真资源；三是建立校企双导师评价机制，引入企业岗位能力标准作为考核维度。通过本教材的学习，学生不仅能够接触到真实的仪器分析环境和企业运作模式，掌握现代分析仪器的规范操作，还能够在实践中学到更多的实用技能和经验，提高自身的职业素养，实现从校园到职场的无缝对接。

本教材的编纂工作承蒙北京东方仿真软件技术有限公司全力支持，并得到相关领域专家学者的悉心指导，中国科学院长春应用化学研究所的鲍迪研究员参与了第 1、5 章的撰写工作，在此致以衷心感谢。教材编写过程中，作者广泛参考了国内外相关文献，因篇幅所限未能逐一标注，特此说明并致歉意。尽管作者团队已进行多轮审校修订，但受限于专业视野，书中难免存在不足之处，诚盼学界同人与读者朋友不吝指正，我们将据此持续完善内容。

作　者

2025 年 3 月

虚拟仿真实验

目　　录

第1章 仪器分析实验基础知识

1.1 仪器分析实验的学习要求

“仪器分析实验”是一门理论与实践相结合的实验课程。实验是学习仪器分析的必要手段，通过扎实有效的实验可以巩固和扩展课堂所学理论知识，加深对仪器分析基本原理的理解。通过常用分析仪器设备的使用和维护的相关训练，使学生掌握设备主要参数及测试条件的选择与设定，培养他们独立工作、分析问题和解决问题的能力，并使其养成实事求是和一丝不苟的工作作风。实验的结果和效果与学习态度和方法密切相关，为了取得良好的学习效果，需要注意以下三个环节。

1.1.1 实验前

实验前必须进行预习，撰写预习报告，交给指导教师检查合格后，方可进行实验。预习报告应简明扼要，内容包括实验目的、实验原理、实验方法、预习思考题。切忌简单抄书，根据不同实验要求采用不同的实验方法，厘清实验思路，并用方框、箭头或表格等形式绘制实验流程。

通过预习应达到的目的：弄清本次实验要做什么，怎么做，为什么这样做，不这样做是否可行，是否还有更好的方法达到同样的实验目的；基本了解本次实验所用试剂的性质，仪器的工作原理、用途及正确的操作方法，了解是否有其他仪器可代替实验给定的仪器。

1.1.2 实验中

实验过程要严格按实验内容与仪器操作规程进行，实验时要遵守实验室安全规则，保持实验环境安静和实验场所整洁，按照实验仪器操作规程认真操作，养成良好的实验习惯和科学的研究态度。

实验中要仔细观察实验现象并将实验数据如实记录在预习报告上，如果遇到反常的现象或实验数据，应仔细查找原因，在教师指导下重新完成实验；设计新实验和做规定以外的实验时，必须先经指导教师允许。实验得到的数据需要经过仔细的处理和分析，才能得出准确的结论。在处理数据时，要仔细检查数据的准确性和完整性，并进行必要的修正和校正。

1.1.3 实验后

实验结束后，应严格地根据实验记录，对实验现象进行简明解释；或对实验数据进行处理和计算，归纳总结得出正确结论。在结果分析时，需要对实验结果进行科学的观察和解释，通过对实验结果的分析，可以发现存在的问题，探索问题产生的原因，并对实验方法进行改进和优化。实验结束后做好清扫工作，摆放好仪器、药品，关闭水、电开关，经教师检查合格后再离开实验室。

实验报告应做到文字工整、图表清晰，对实验中发现的问题提出自己的见解，对实验内容和方法提出改进意见，并按时提交实验报告。

实验报告包括以下几部分内容(不同性质的实验稍有侧重)。

(1)实验名称、实验日期；

(2)实验目的；

(3)实验原理；

(4)实验步骤：尽量采用表格、框图、箭头符号等形式表达，清晰、明了；

(5)实验现象和数据记录：表述实验现象要正确、全面，数据记录要规范、完整；

(6)数据处理：获得实验数据后，进行数据处理是一个重要环节；

(7)实验讨论：对实验结果的可靠程度和合理性进行评价，并解释所观察到的实验现象；

(8)问题讨论：针对实验中遇到的疑难问题提出自己的见解或收获，也可对实验方法、检测手段、合成路线、实验内容等提出自己的意见。

1.2 仪器分析实验室安全守则及消防常识

1.2.1 实验室安全守则

在化学实验过程中，会使用到不同种类的药品试剂。这些药品试剂往往具有易燃、易爆、有毒、有害、有腐蚀性等危险特性，若使用不当会对实验人员及设备造成伤害。因此必须将安全放在首位，高度重视实验室安全工作。为了确保实验过程的安全性，每名实验人员都必须严格遵守实验室的安全守则，并且在实验过程中要特别注意安全。如果发生意外事故，不仅会对个人的身体健康造成损害，还可能危及他人的安全；此外，还可能导致国家财产的损失，同时也会影响教学、科研工作的正常进行。因此，我们必须牢记安全的重要性，积极采取措施预防事故的发生，并且在实验过程中时刻保持警惕。

因此，首先需要从思想上高度重视实验安全，绝不能麻痹大意。其次，在实验前应详细了解仪器设备的性能、药品的性质及实验中应注意的安全事项；在实验过程中应集中精力，严格遵守实验安全守则，防止意外事故的发生。最后，要掌握必要的实验室安全知识、安全技能和救护措施，一旦发生意外事故，可进行及时处理。

实验室安全守则：

(1)实验室内不得饮食、吸烟，实验完毕后，须洗净双手，关好水、电、气开关后才能离开实验室，实验所用药品不得携带出实验室。

(2)凡涉及具有挥发性和易燃性物质的实验，都应注意远离明火，并尽可能在通风橱中进行，用毕应立即盖紧瓶塞。

(3)凡涉及有毒气体或有刺激性气体的实验，都应在通风橱中进行，也可用气体吸收装置吸收产生的有害气体；不纯的氢气遇火易爆炸，操作时必须严禁接近烟火。点燃前，必须先检验纯度。银氨溶液因久置后易爆炸，故不能保存。

(4)浓酸、浓碱、溴、冰醋酸、甲酸等具有强腐蚀性，切勿溅在皮肤或衣服上，特别注意保护眼睛的安全。稀释浓硫酸时，应将浓硫酸慢慢地注入水中，并不断搅拌，切勿将水注入浓硫酸中以免酸液溅出。

(5)强氧化剂(如氯酸钾、高氯酸)及其与还原剂的混合物(如氯酸钾与红磷、碳、硫等的混合物)不能研磨、受热和敲击，否则易发生爆炸。

(6)钾、钠和白磷等暴露在空气中易燃烧，钾、钠应保存于煤油或液体石蜡中，白磷可保存在水中，取用时用镊子夹取。

(7)有毒药品(如重铬酸钾、砷和汞的化合物、镉盐和铅盐等)不得接触皮肤和伤口，严防进入口内。有毒物品的剩余废液也不能随便倒入下水道，须倒入指定的回收处理桶中，以待处理。处理有毒物品时，应戴护目镜及橡胶手套。

1.2.2　实验室中意外事故的处理

对于实验过程中可能遇到的以下紧急情况，要了解其处理和急救方法，减少损失和伤害。

(1)割伤。割伤是实验室中常见的外伤，如伤口较小，则可用蒸馏水清洗伤口，将附着物完全清除后搽上碘伏，再用创口贴或纱布包扎；如伤口较大，则先用酒精在伤口周围清洗消毒，再用纱布按住伤口压迫止血，并立即就医。

(2)烫伤。烫伤伤势较轻时，可用高锰酸钾或苦味酸溶液涂于灼伤处，再搽上凡士林或烫伤膏；如伤势较重，不能涂烫伤膏等油脂类药物，可撒上纯净的 $NaHCO_3$ 粉末，并立即就医。

(3)受强酸腐蚀受伤。当皮肤被强酸灼伤时，应立即用流水冲洗，以防灼伤面进一步扩大，然后再搽上 $NaHCO_3$ 油膏或凡士林。若强酸溅入眼、口中，先用洗眼器或自来水冲洗，再用 3%(质量分数，以下同)$NaHCO_3$ 溶液洗眼或漱口，并立即就医。

(4)受强碱腐蚀受伤。强碱具有强烈的腐蚀性和刺激作用，一旦被碱灼伤皮肤，应立即用流水冲洗至中性为止，再用 1%～2%醋酸或 3%硼酸溶液进一步冲洗。眼睛被碱灼伤时应先用大量流水冲洗，再选择适当的中和药物如大量的 2%～3%硼酸溶液进行冲洗，特别要注意眼下睑穹窿部要冲洗彻底。

(5)吸入气体中毒。应立即将中毒者转移到通风处或室外，解开衣领和纽扣，让患者进行深呼吸，必要时进行人工呼吸，待患者情况稳定后，立即送医院治疗；吸入 Br_2 蒸气或 Cl_2 气体时，可吸入少量酒精和乙醚的混合蒸气以解毒。吸入 H_2S 气体而感到头晕时，应到室外呼吸新鲜空气。

(6)触电事故。应立即拉开电闸，切断电源，尽快用绝缘物(干燥的木棒、竹竿、椅子等)将触电者与电源脱离；在不能拉开电闸时，应以绝缘物将电线或电热器与触电者脱离，切忌直接救护触电者。

1.2.3　实验室消防常识

化学实验室使用易燃易爆化学危险物品数量大、种类多、实验条件复杂，在储存和使用中，稍有不慎，就可能酿成火灾事故。因此，化学实验室的防火工作应被视为重中之重。为避免火灾发生，必须正确操作实验。一般实验室常用的灭火器包括干粉灭火器和二氧化碳灭火器。

如果实验室发生火灾事故，应保持冷静，切勿惊慌。首先移开着火点附近的易燃物，并切断电源，然后根据情况采取相应措施。

(1)当试剂瓶内的溶剂着火或者油浴中的导热油起火，且火势较小的情况下，可以立即使用石棉网或湿布盖住瓶口，以隔绝氧气并扑灭火焰。如果是少量溶剂洒在实验台或地上着火，可以使用湿布或者沙箱中的黄沙盖住火焰。

(2)对于实验室中可扑灭的火情，通常不应使用水灭火，而应使用灭火器。在安全距离外，从着火点周围向中心喷射灭火剂。对于无法自救的火情，应立即逃生到安全处，并及时拨打火警电话。

(3)如果身上的衣服着火，切勿惊慌，不要跑动，应迅速使用湿布盖住着火部位，或使用清水冲洗以扑灭火焰。如果情况严重，应立即脱下着火的衣服或者躺在地上快速翻滚以熄灭火焰。

总之，化学实验室的防火工作至关重要，正确操作可以避免火灾的发生。如果发生火灾事故，应保持冷静并采取合适的措施以确保安全。

1.3 仪器分析实验室规则

进行仪器分析实验时，遵守实验室规则，可有效防止意外事故，保证正常的实验环境和工作程序，是做好实验的重要保障。每位实验者都应遵守实验室规则。

(1)仪器分析实验室的仪器种类较多，分放于不同的实验室中，采用学生分组、循环实验方式组织仪器分析实验课程。

(2)学生应遵守课堂纪律，不做与实验无关的事情。

(3)学生在实验前须认真预习，仔细阅读仪器分析实验教材，熟悉所做实验的方法和原理、实验操作步骤等，上课时教师要认真检查学生的预习情况。

(4)实验前不要自行打开仪器，也不要随意触碰仪器上的任何按钮。实验中应认真听取教师对仪器性能的讲解，了解实验参数设置的依据和仪器操作方法。

(5)在实验过程中，要正确操作，细致观察，认真记录，周密思考。所有的原始数据都应边实验边准确地记录在实验记录本上，不要记录在草稿本、小纸片或其他地方。原始数据的记录要做到真实、详细、清楚、及时，不允许随意删改。若记录错误，经过教师认可后，可在错误数据上轻轻画一条线，将正确的数据记在旁边，不可乱涂乱改或用橡皮擦拭。

(6)注意保持实验室桌面、地面、水池的清洁。节约使用药品、水、电等，不要浪费。将废渣、废液倒在指定的地方。

(7)爱护仪器设备，学会正确使用仪器，如有必要，实验结束后在教师指导下关闭仪器和工作站。

(8)实验结束后，应将玻璃器皿洗刷干净，仪器复原，整理好实验台面。值日生要认真做好清洁卫生工作。离开实验室前，妥善处理废水、废液，妥善放置各种化学药品，认真检查水、电、门窗和气体钢瓶，保证实验室的安全。

(9)根据要求认真完成实验报告，查阅有关知识，分析实验中出现的各种现象并学会合理处理实验数据。

1.4　试剂的存放、取用及玻璃仪器的洗涤

1.4.1　试剂的规格

根据《化学试剂　分类》(GB/T 37885—2019)，化学试剂按其纯度和杂质含量的高低，可分为高纯、光谱纯、基准、分光纯、优级纯、分析纯和化学纯 7 种。实验室中常见的化学试剂基本上可分为 4 个等级，其级别见表 1.1。

表 1.1　化学试剂的级别

试剂级别	名称	纯度	符号	瓶签颜色
一级	优级纯	99.8%	GR	绿色
二级	分析纯	99.7%	AR	红色
三级	化学纯	99.5%	CP	蓝色
四级	实验试剂		LR	棕色或黄色

一级试剂杂质含量最低，纯度最高，适用于精密的分析及研究工作；二级及三级试剂适用于一般的分析研究及教学实验工作；四级试剂杂质含量较高，纯度较低，只能用于一般性的化学实验及教学工作，如在分析工作中作为辅助试剂(如产生或吸收气体、配制洗液等)使用。

除上述 4 种级别的试剂外，还有适合某一方面需要的特殊规格试剂，如基准试剂，它的纯度相当于或高于一级试剂，是容量分析中用于标定标准溶液的基准物质，一般可直接得到滴定液，不需标定；生化试剂则用于各种生物化学实验；另外还有高纯试剂，它又细分为高纯、超纯、光谱纯试剂等。但由于有机物在光谱上显示不出，因此有时试剂中的主成分纯度达不到 99.9%以上，使用时必须注意，特别是作基准物质时，必须进行标定。纯度远高于优级纯的试剂叫作高纯试剂(≥99.99%)。此外，还有工业生产中大量使用的化学工业品(也分为一级品、二级品)及可供食用的食品级产品等。各种级别的试剂及工业品因纯度不同价格相差很大，使用时在满足实验要求的前提下，应考虑节约的原则，尽量选用较低级别的试剂。

1.4.2　实验试剂的存放

化学试剂的储存在实验室中是一项十分重要的工作，一般化学试剂应储存在通风良好、干净和干燥的房间，要远离火源，并要注意防止水分、灰尘和其他物质的污染。同时还要根据试剂的性质及方便取用原则来存放试剂。固体试剂一般存放在易于取用的广口瓶内，液体试剂则存放在细口瓶中。一些用量小而使用频繁的试剂，如指示剂、定性分析试

剂等可盛装在滴瓶中。见光易分解的试剂(如 $AgNO_3$、$KMnO_4$、饱和氯水等)应装在棕色瓶中。对于 H_2O_2,虽然也是见光易分解的物质,但不能盛放在棕色的玻璃瓶中,因为棕色玻璃中含有催化分解 H_2O_2 的重金属氧化物,通常将 H_2O_2 存放于不透明的塑料瓶中,置于阴凉处。试剂瓶的瓶盖一般都是磨口的,密封性好,可使长时间保存的试剂不变质。但盛强碱性试剂(如 NaOH、KOH)及 Na_2SiO_3 溶液的瓶塞应使用橡皮塞,以免长期放置互相粘连。易腐蚀玻璃的试剂(氟化物等)应保存于塑料瓶中。

特殊性质的试剂需要采取特殊的储存方法。例如,易于热分解的试剂应该存放在冰箱中,以保持其稳定性;易吸湿或易氧化的试剂应该存放在干燥器中,以防止其受潮或氧化;金属钠应浸泡在煤油中,以防止其与空气发生反应;而白磷则需要浸泡在水中,以防止其自燃。

对于具有易燃、易爆、强腐蚀性、强氧化性和剧毒性的试剂,需要特别注意其存放方式,并且通常需要单独分类存放。强氧化剂应与易燃物和可燃物分开存放,以避免发生危险;低沸点易燃液体应存放在阴凉通风处,并与其他可燃物和易产生火花的物品隔离放置,同时要远离火源。闪点低于 −4 ℃的液体(如石油醚、苯、丙酮、乙醚等)的理想存放温度为 −4～4 ℃,闪点低于 25 ℃的液体(如甲苯、乙醇、吡啶等)的存放温度不得超过 30 ℃。

对于盛装试剂的试剂瓶,应贴上统一机打标签,并清楚标明试剂的名称、纯度、浓度和配制日期。为了保护标签,通常需要在其表面涂上蜡或粘贴透明胶带。

1.4.3　实验试剂的取用

1.试剂取用的一般规则

试剂取用时,需要遵循一些通用的规则,以确保操作的安全性和试剂的有效性。实验中试剂取用的基本原则是既要质量准确又必须保证试剂的纯度(不受污染)。

(1)取用试剂首先应看清标签,了解纯度、浓度、配制日期等信息,确保试剂符合要求,不能取错。取用时,将瓶塞反放在实验台上,若瓶塞顶端不平整,可放在洁净的表面皿上。

(2)不能用手和不洁净的工具接触试剂。在取用试剂前,应确保操作区域的清洁。清理工作台、试剂架和容器,以免试剂受到污染。瓶塞、药匙、滴管不得相互串用。

(3)应根据用量取用试剂。取出的多余试剂不得倒回原瓶,以防沾污整瓶试剂。对确认可以再用的(或派做别用的)试剂要另用清洁容器回收。使用专用的量杯、滴管、移液器等工具,避免交叉污染或浪费。

(4)每次取用试剂后都应立即盖好瓶盖,并把试剂放回原处,务必使标签朝外。在取用试剂后,及时封闭试剂容器,以防止试剂挥发、吸湿或氧化。根据试剂的特性,选择适当的存储条件。例如,需存放在冰箱中的试剂应放置在冷藏室,而易燃试剂应存放在阴凉通风处。

(5)取用试剂时,应遵循转移的次数越少越好的量取原则。根据实验要求,使用称量器具或体积量器准确称取或量取试剂。

(6)取用易挥发的试剂时,应在通风橱中操作,防止污染室内空气。有毒药品要在教师指导下按规程使用,并采取相应的防护措施。例如,对于有毒试剂,应佩戴防护手套、护目镜等个人防护装备。

以上规则是试剂取用的一般规则，根据实际情况和试剂的特性，还需要遵循具体的操作指南和安全规范。在进行试剂操作前，应对实验进行充分的了解，并遵守实验室的安全操作规程。

2. 固体试剂的取用

(1)取用固体试剂一般使用干净的药匙（牛角匙、不锈钢药匙、塑料匙等），其两端各有一个勺，一大一小，按取用药量多少而选择使用哪一端。使用时要专匙专用，试剂取用后，要立即把瓶塞盖好，把药匙洗净、晾干，以备下次使用。

(2)要严格按量取用药品，“少量”固体试剂对一般常量实验是指半个黄豆粒大小的体积，对微型实验为常量实验的 1/10～1/5 体积，注意不要多取。多取的药品不能倒回原瓶，可放在指定的容器中供他用。

(3)定量药品要称量，一般固体试剂可以放在称量纸上称量，对于具有腐蚀性、强氧化性且易潮解的固体试剂要用小烧杯、称量瓶、表面皿等装载后再进行称量。不准使用滤纸来盛放称量物。颗粒较大的固体应在研钵中研碎后再称量。可根据称量精确度的要求，选择台秤或天平称量固体试剂。

(4)要将药品装入口径小的试管中时，应将试管平卧，小心地将盛药品的药匙放入底部，以免药品黏附在试管内壁上。也可先用一窄纸条做成“小纸舟”，用药匙将固体药品放在“小纸舟”上，然后将装有药品的“小纸舟”送入平卧的试管里，再把“小纸舟”和试管竖立起来，并用手指轻弹纸槽，让药品慢慢滑入试管底部。

(5)取用大块药品或金属颗粒时要用镊子夹取。先将容器平卧，再用镊子将药品放在容器口，然后慢慢将容器竖起，让药品沿着容器壁慢慢滑到底部，以免击破容器；对试管而言，也可将试管斜放，让药品沿着试管壁慢慢滑到底部。

3. 液体试剂的取用

(1)多量液体的取用。一般采用倾倒法取用多量液体。把试剂移入试管的具体做法是：先取下瓶塞反放在桌面上或放在洁净的表面皿上，右手握持试剂瓶，使试剂瓶上的标签朝向手心（如果是双标签则要将其握在手中），以免瓶口残留的少量液体腐蚀标签。左手持试管，使试管口紧贴试剂瓶口，慢慢将液体试剂沿管壁倒入。倒出需要量后，将瓶口在容器上靠一下，再使瓶子竖直，这样可以避免遗留在瓶口的试剂沿瓶子外壁流下来。把试剂倒入烧杯时，可用玻璃棒引流。其具体做法是：右手握试剂瓶，左手拿玻璃棒，使玻璃棒的下端斜靠在烧杯中，将瓶口靠在玻璃棒上，使液体沿着玻璃棒流入烧杯中。

(2)少量液体的取用。通常使用胶头滴管取用少量液体。其具体做法是：先提起滴管，使管口离开液面，捏瘪胶帽以赶出空气，然后将管口插入液面吸取试剂。滴加溶液时，须用拇指、食指和中指夹住滴管，将它悬空地放在靠近试管口的上方滴加，滴管要垂直，这样滴入的液滴的体积才能准确；绝对禁止将滴管伸进试管中或触及管壁，以免沾污滴管口，使滴瓶内试剂受到污染。滴管不能倒持，以防试剂腐蚀胶帽使试剂变质。滴完溶液后，滴管应立即插回，一个滴瓶上的滴管不能用来移取其他试剂瓶中的试剂，也不能拿别的滴管伸入试剂瓶中吸取试剂。如试剂瓶不带滴管又需取少量试剂，则可把试剂按需要量倒入小试管中，再用干净的滴管取用。

长时间不用的滴瓶，滴管有时与试剂瓶口粘连，不能直接提起滴管，这时可在瓶口处滴上2滴蒸馏水，使其润湿后再轻摇几下即可。

(3)定量液体的取用。在试管实验中经常要取“少量”溶液，这是一种估计体积，对常量实验是指0.5～1.0 mL，对微型实验一般是指3～5滴，根据实验的要求灵活掌握。要学会估计1 mL溶液在试管中的高度和由滴管滴加的滴数对应的体积。要准确量取溶液，则需根据准确度和量的要求，选用量筒、移液管、吸量管或滴定管等量器。

量筒：量筒是化学实验室中最常用的度量液体的仪器，多用来量取对体积精度要求不高的溶液或蒸馏水。量筒容量有10、25、50、100 mL等，实验中可根据所取溶液的体积来选用。

移液管和吸量管：移液管和吸量管是用于准确移取一定体积的液体量出式玻璃量器。中间有一膨大部分、管颈上部刻有一条标线的是移液管，俗称胖肚吸管，管中流出的溶液的体积与管上所标明的体积相同；内径均匀、管上有分刻度的是吸量管，也称刻度吸管，吸量管一般只用于量取小体积的溶液。因吸量管上带有分度，可用来吸取不同体积的溶液，但准确度不如移液管。

移液管和吸量管使用前先用少量洗液润洗，再依次用自来水、蒸馏水润洗几次，洗净的移液管和吸量管整个内壁和下部的外壁不应有水珠；然后用滤纸将管尖内外的水吸去；最后用少量移取液润洗2～3次，以免溶液被稀释；润洗后，即可移液。

用洗液洗涤的方法：右手手指拿住移液管标线上部，插入洗液，左手捏出洗耳球内空气，并以洗耳球嘴顶住移液管上口，借球内负压将洗液吸至移液管球部约1/4处，用右手食指按住管口，取出吸管，将其横过来，左右两手分别拿住移液管上下端，慢慢转动移液管，使洗液布满全管，然后将洗液倒回原瓶。

移液操作：用移液管移取溶液时，右手拇指及中指拿住管颈标线以上部位，将移液管下端垂直插入液面下1～2 cm处。若插入太深，外壁沾带溶液过多；若插入太浅，液面下降时易吸空。左手持洗耳球，捏扁洗耳球挤出空气并将其下端尖嘴插入吸管上端口内，然后逐渐松开洗耳球吸上溶液，眼睛注意液体上升，随着容器中液面的下降，移液管也逐渐下移。当溶液上升至管内标线以上时，拿去洗耳球，迅速用右手食指紧按管口。将移液管离开液面，靠在器壁上，稍微放松食指，同时轻轻转动移液管，使液面缓慢下降，当液面与标线相切时，立即按紧食指使溶液不再流出。将吸取了溶液的移液管插入准备接收溶液的容器中，将接收容器倾斜而移液管直立，使容器内壁紧贴移液管尖端管口，并成45°左右。松开食指让溶液自然顺壁流下，待溶液流尽后再停靠约15 s，取出移液管。最后尖嘴内余下的少量溶液不必吹入接收器中，因在制管时已考虑到这部分残留液体所占体积。注意，有的吸管标有“吹”字，则一定要将尖嘴内余下的少量溶液吹入接收器中。

1.4.4 玻璃仪器的洗涤

仪器分析是一项技术性强、精密度和准确度要求高的工作，为减少误差，一定要保证所用玻璃仪器的洁净。常用玻璃仪器的洗涤方法大致有以下几种。

(1)水刷洗。附着在仪器上的尘和其他可以通过刷洗除去的可溶或不可溶的物质都可以用水刷洗法除去。不同的玻璃仪器需要使用不同的毛刷;为保证清洗干净,毛刷大小、形状要合适。

(2)酸性洗涤液清洗。常用酸性洗涤液有浓盐酸、盐酸一过氧化氢洗涤液、盐酸一乙醇洗涤液。附着在玻璃仪器上的一些无机物、碱性污垢、碱性有机染料、用焙烧灼烧过的碱性沉积污垢等,可选择此类洗涤剂。

(3)碱性洗涤剂清洗。常用的碱性洗涤剂有氢氧化钠、氢氧化钠一乙醇洗液、氢氧化钠一高锰酸钾洗液。附着在玻璃仪器上的酸性附着物、有机物油脂、二氧化锰等弱还原性物质等,可选择此类洗涤剂。

(4)铬酸洗液清洗。此洗液具有强酸性、强氧化性,不仅可以清洗无机污垢,还可以清洗有机物和油污。但使用时被清洗物需保证干燥,避免洗液被稀释降低其去污能力,洗液可以反复使用直到其由深棕色变为绿色。

(5)选择合适的络合剂。例如,氯化银沉淀可用氨水清洗。

(6)选择合适的有机溶剂。根据相似相溶的原理,一些油脂或有机聚合物等可以选择合适的有机溶剂清洗。常用的有机溶剂有乙醇、苯、四氯化碳、氯仿、乙醚、二甲苯、丙酮等。

(7)超声波清洗。超声波清洗法具有清洗质量好、清洗速度快的优点。对于几何形状比较复杂的多孔仪器、弯曲带死角的仪器和带盲孔的孔径较小的玻璃仪器,用此种清洗方法效果很好。

将清洗干净的玻璃仪器进行干燥时,常用的方法有烘干法、晾干法、烤干法、吹干法、有机溶剂干燥法。需注意的是,对带刻度的玻璃仪器不要采用加热法进行干燥,以免影响这些玻璃仪器的精确度。

1.5　常用气体钢瓶

仪器分析实验室通过气体钢瓶来获得各种气体。气体钢瓶是特制的储存压缩气体的钢瓶,一般由合成钢或无缝碳素钢制成。钢瓶和其他高压容器一样必须有使用证书,在钢瓶的肩部用钢印的形式标记出制造厂家、制造日期、钢瓶型号、工作压力、试验压力、试验日期、钢瓶容积、钢瓶质量。钢瓶上的减压阀的开启方向一般为:易燃气体钢瓶采用左旋,其他为右旋。

实验室在采购气体钢瓶和充装气体前,必须检查气体钢瓶或供气的企业是否五证齐全,五证即营业执照、特种设备制造许可证、特种设备设计许可证、危险化学品经营许可证、气瓶充装许可证。如无上述五证,禁止从该企业购买任何气体钢瓶。气体钢瓶在进入实验室前,必须做好验收工作。只有从源头消除一切危险隐患,才能使实验室的危险因素降到最少。

下面介绍常用气体钢瓶的外部特征。

1.5.1　压缩气体钢瓶

部分常用压缩气体钢瓶外部特征(瓶身颜色、字体颜色、字样等)见表 1.2。

表 1.2　部分常用压缩气体钢瓶外部特征

气体名称	瓶身颜色	字体颜色	字样	色环
氢气	深绿色	红色	氢	$p=1.520\times10^7$ Pa,无环 $p=2.026\times10^7$ Pa,红色单环 $p=3.040\times10^7$ Pa,红色双环
氦气	棕色	白色	氦	$p=1.520\times10^7$ Pa,无环 $p=2.026\times10^7$ Pa,白色单环 $p=3.040\times10^7$ Pa,白色双环
氖气	红褐色	白色	氖	$p=1.520\times10^7$ Pa,无环 $p=2.026\times10^7$ Pa,白色单环 $p=3.040\times10^7$ Pa,白色双环
氩气	灰色	绿色	氩	
氮气	黑色	黄色	氮	$p=1.520\times10^7$ Pa,无环 $p=2.026\times10^7$ Pa,棕色单环 $p=3.040\times10^7$ Pa,棕色双环
氧气	天蓝色	黑色	氧	$p=1.520\times10^7$ Pa,无环 $p=2.026\times10^7$ Pa,白色单环 $p=3.040\times10^7$ Pa,白色双环
压缩空气	黑色	白色	压缩空气	
氯气	草绿色	白色	氯	
乙炔	白色	大红色	乙炔不可近火	
一氧化氮	白色	黑色	一氧化氮	
一氧化二氮	银灰色	黑色	液化一氧化二氮	
二氧化氮	白色	黑色	液化二氧化氮	$p=1.520\times10^7$ Pa,黑色单环
二氧化碳	铝白色	黑色	液化二氧化碳	$p=1.520\times10^7$ Pa,无环 $p=2.026\times10^7$ Pa,黑色单环
二氧化硫	黑色	白色	二氧化硫	黄色
甲烷	棕色	白色	甲烷	$p=1.520\times10^7$ Pa,无环 $p=2.026\times10^7$ Pa,淡黄色单环 $p=3.040\times10^7$ Pa,淡黄色双环
乙烷	棕色	白色	液化乙烷	$p=1.520\times10^7$ Pa,淡黄色单环 $p=2.026\times10^7$ Pa,淡黄色双环
乙烯	棕色	淡黄色	液化乙烯	$p=1.520\times10^7$ Pa,淡黄色单环 $p=2.026\times10^7$ Pa,淡黄色双环

续表 1.2

气体名称	瓶身颜色	字体颜色	字样	色环
丙烷	棕色	白色	液化丙烷	
丙烯	棕色	淡黄色	液化丙烯	

1.5.2　其他常用气体钢瓶

其他常用气体钢瓶外部特征见表 1.3。

表 1.3　其他常用气体钢瓶外部特征

气体名称	瓶身颜色	字体颜色	字样	色环
六氟化硫	银灰色	黑色	液化六氟化硫	$p=1.520\times10^{7}$ Pa，淡黄色单环
三氟化硼	银灰色	黑色	三氟化硼	
氯化氢	银灰色	黑色	液化氯化氢	
光气	银灰色	黑色	液化碳酰氯	
三氟化磷	银灰色	黑色	液化三氟化磷	
五氟化磷	银灰色	黑色	液化五氟化磷	

1.5.3　气体钢瓶使用注意事项

钢瓶内压很大。内装气体可能有毒、易燃或易爆，使用钢瓶时要注意以下事项：

(1)将钢瓶放置在特制的钢瓶间(柜)中，或用钢瓶链固定，防止倾倒。钢瓶间(柜)须设置在阴凉、干燥处，并远离热源。

(2)可燃性气体钢瓶要远离明火，不得和氧气钢瓶邻近存放；相互接触易产生易燃易爆气体的钢瓶不能邻近存放；易燃烧的棉、麻、有机油污等不能放置在钢瓶附近；不同气体钢瓶的减压阀和导管不能混合使用。

(3)使用气体时，减压阀和开关阀要同时开启和关闭。开关时要轻开轻关，不要用猛力，阀门不可完全打开。

(4)打开钢瓶阀门时，人要站在钢瓶出气口侧面。开、关减压器和开关阀时，动作要慢，以减少气流摩擦，防止产生静电。开启或关闭瓶阀时，应用手或专用扳手，不准使用其他工具，以防损坏阀件。装有手轮的阀门不能使用扳手。如果阀门损坏，应将钢瓶隔离并及时维修。操作时严禁敲打撞击钢瓶，经常检查钢瓶有无漏气，注意压力表读数，防止气体外泄和设备过压。

(5)钢瓶中的气体不能用完，一般情况下要保留 0.05 MPa 残余气体。可燃性气体要保留更多，如氢气至少保留 2 MPa，乙炔至少保留 0.2 MPa。

(6)搬运或移动钢瓶时须旋紧安全帽和阀门，使用防震垫，用专用推车运输并固定在车上。

(7)操作员不能穿带油污的服装和戴易产生静电的手套操作。

(8)在可能造成回流的使用场合,使用设备或系统管路上必须配置防止倒灌的装置,如单向阀、止回阀、缓冲罐等。所有气体钢瓶必须定期进行技术检查。

1.6 实验中的有效数字

在化学实验中,经常要根据实验测得的数据进行化学计算,但是在测定实验数据时,应该记录几位数字?在计算时,计算的结果应该保留几位数字?这些都是需要首先解决的问题。为了解决这两个问题,需要了解有效数字的概念及其运算规则。

1.6.1 有效数字的概念及其位数的确定

具有实际意义的有效数字位数,是根据测量仪器和观察的精确程度来决定的,现举例说明之。

例如在使用量筒测量液体的体积时,在最小刻度为 1 mL 的量筒中测得该液体的凹液面最低处在 91.7 mL 的位置,如图 1.1 所示,其中 91 mL 是直接由量筒的刻度读出的,是准确的,而 0.7 mL 是由肉眼估计的,它可能有±0.1 mL 的误差,是可疑的。而该液体的液面在量筒中的读数 91.7 mL 均为有效数字,故有效数字为三位。

如果该液体在最小刻度为 0.1 mL 的滴定管中测量时,它的凹液面最低处在 2.36 mL的位置,如图 1.2 所示,其中 2.3 mL 是直接由滴定管的刻度读出的,是准确的,而 0.06 mL 是由肉眼估计的,它可能有±0.01 mL 的误差,是可疑的。而该液体的液面在滴定管中的读数 2.36 mL 均为有效数字,故有效数字为三位。

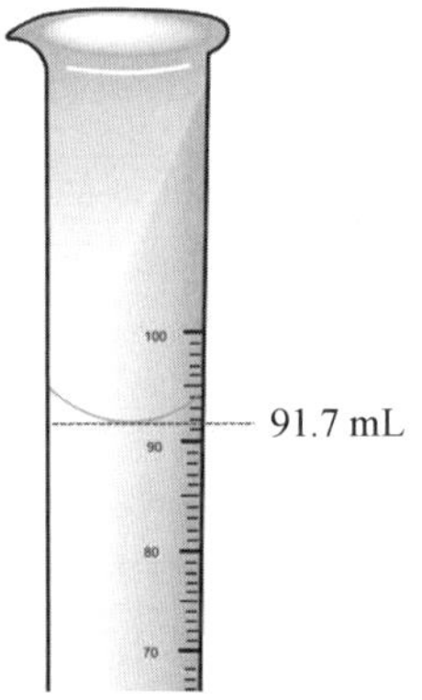

图 1.1 量筒量取液体

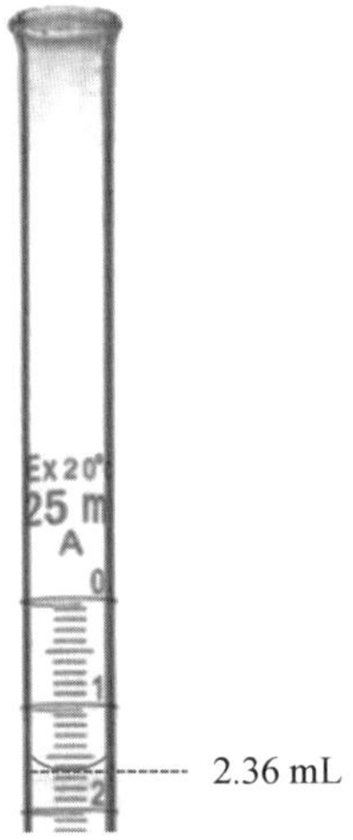

图 1.2 移液管量取液体

从以上两个例子可知,从仪器上能直接读出(包括最后一位估计读数在内)的几位数字叫作有效数字。实验数据的有效数字与测量用的仪器的精确度有关。由于有效数字中的最后一位数字已经不十分准确,因此任何超过或低于仪器精确程度的有效位数的数字都是不恰当的。例如在台秤上读出的 4.6 g,不能写作 4.600 0 g;在分析天平上读出的数值恰巧是 4.600 7 g,也不能写作 4.6 g,这是因为前者夸大了实验的精确度,后者缩小了实验的精确度。

移液管只有一根刻度，其精确度如何？例如 25 mL 移液管其精确度规定为 0.01 mL，即读数为 25.00 mL，不能读作 25 mL。同样，容量瓶也只有一根刻度，如 50 mL容量瓶的精确度规定为 0.01 mL，其读数为 50.00 mL。

由上述可知，有效数字与数学上的数字有着不同的含义，数学上的数字仅表示大小，有效数字则不仅表示量的大小，而且还反映了所用仪器的精确度。各种仪器，由于测量的精确度不同，其有效数字表示的位数也不同。

在实验数据的记录和处理过程中，正确识别有效数字的位数至关重要。下面通过具体实例说明有效数字的确定方法。

例：教师要求学生称量某一固体样品，在学生报告的质量记录中有下列数据：

10.05 g；　0.010 05 kg；　10.0 g；　10 g

上述情况各是几位有效数字？

解：数据 10.05 g 的四位数字的每一位都是有意义的，该数有四位有效数字。

数据 0.010 05 kg 也是四位有效数字。小数点前后的“0”没有意义，它们的存在，只不过是因为此处质量的单位是“kg”而不是“g”。

数据 10.0 g 有三位有效数字，该学生将“0”放在小数点之后，说明样品称准至 0.1 g。我们无法确认“10 g”所具有的有效数字。有可能这个学生将金属块称准至克并想表示两位有效数字，但也可能他想告诉我们他的天平只能称到克，在这种情况下，“10 g”中只有第一位是有效数字，为避免这种混淆，可用指数表示法给出质量，如 2.0×10^{1} g(二位有效数字)、2×10^{1} g(一位有效数字)。

采用指数表示法表示数量时，测量所得的有效数字位数就等于给出数字的位数。

可见“0”是否是有效数字与“0”在数字中的位置有关。

(1)“0”在数字前，仅起定位作用，“0”本身不是有效数字，如 0.027 5 中，数字“2”前的两个“0”都不是有效数字，所以 0.027 5 是三位有效数字。

(2)“0”在数字中，是有效数字，如 2.006 5 中的两个“0”都是有效数字，2.006 5 是五位有效数字。

(3)“0”在小数点的数字后，是有效数字，如 6.500 0 中的三个“0”都是有效数字，6.500 0是五位有效数字。

思考：0.003 0 是几位有效数字？

(4) 如 54 000 g 或 2 500 mL 等以“0”结尾的正整数，就很难说“0”是有效数字还是非有效数字，有效数字的位数不确定，如 54 000 可能是二位、三位、四位，甚至五位有效数字。这种数应根据有效数字情况用指数形式表示，以 10 的方次前面的数字代表有效数字。

如：二位有效数字写成 5.4×10^{4}，三位有效数字则写成 5.40×10^{4}，等等。

此外，在化学计算中一些不需经过测量所得的数值如倍数或分数等的有效数字位数，可认为无限制，即在计算中需要几位就可以写几位。

1.6.2　有效数字的运算规则

1. 加减法

在几个数字相加或相减时，所得的和或差的有效数字中小数的位数应与各加减数中小数的位数最少者相同。

例:2.011 4+31.25+0.357=33.62

```
  2.0114
       ?
 31.25
     ?
+0.357
     ?
─────────────────
 33.6184 → 33.62
     ???
```

(可疑数以“?”标出)

可见小数位数最少的数是31.25,其中的“5”已是可疑,相加后使得和33.618 4中的“1”也可疑,因此再多保留几位已无意义,也不符合有效数字只保留一位可疑数字的原则。这样相加后,按“四舍五入”的规则处理,结果应是33.62。一般情况,可先取舍后运算,即

```
 2.011 4 →   2.01
31.25    →  31.25
 0.357   → + 0.36
─────────────────
            33.62
```

2.乘除法

在几个数相乘或相除时,其积或商的有效数字位数应与各数值中有效数字位数最少者相同,而与小数点的位置无关。

例:1.202×21 = 25

```
   1.202
       ?
   × 21
       ?
─────────────────
   1.2 0 2
     ? ? ? ?
 2 4.0 4
     ?
─────────────────
 2 5.2 4 2 →2 5
   ? ? ? ?
```

显然,由于21中的“1”是可疑的,使得积25.242中的“5”也可疑,所以保留两位即可,其余按“四舍五入”处理,结果是25。也可先取舍后运算,即

$$
\begin{array}{r}
1.202 \rightarrow 1.2 \\
\times \quad 21 \\
\hline
1.2 \\
24 \\
\hline
25.2 \rightarrow 25
\end{array}
$$

3. 对数

进行对数运算时，对数值的有效数字只由尾数部分的位数决定，首数部分为 10 的幂数，不是有效数字。

例：2 345 为四位有效数字，其对数，lg 2 345＝ 3.370 1，尾数部分仍保留四位。首数“3”不是有效数字，故不能记成 lg 2 345＝ 3.370，这样只有三位有效数字，就与原数 2 345 的有效数字位数不一致了。

例：pH 值的计算。

若 $c(H^+) = 4.9\times10^{-11}$ mol/L，是二位有效数字，所以 $pH = -\lg c(H^+) = 10.31$，有效数字仍只有二位；反之，由 pH ＝ 10.31 计算氢离子浓度时，也只能记作 $c(H^+) = 4.9\times10^{-11}$，而不能记为 4.898×10^{-11}。

*[注]：现有根据“四舍六入五成双”原则来处理有效数字的方法。即凡末位有效数字后边的第一位数字大于 5，则在其前一位上增加 1；小于 5 则弃去不计；等于 5 时，如前一位为奇数，则增加 1，如前一位为偶数，则弃去不计。例如，对 21.024 8 取四位有效数字时，结果为 21.02；取五位有效数字时，结果为 21.025；但将 21.025 与 21.035 取四位有效数字时，则分别为 21.02 与 21.04。

第 2 章　光谱分析实验

2.1　常用仪器的使用和维护

2.1.1　紫外一可见分光光度计

紫外一可见分光光度计作为现代分析化学的核心仪器，通过物质分子对特定波长光的选择性吸收特性，实现对溶液成分的定性与定量分析。该仪器凭借其灵敏度高、操作简便的特点，在药物研发、环境监测、食品安全、生物化学等众多学科领域发挥重要作用。

1. 分析原理与仪器构造

基于朗伯一比尔定律（$A=\varepsilon bc$）的光吸收原理，紫外一分光光度计可测量特定波长下的吸光度值并将其与物质浓度建立线性关系。其中，ε 为摩尔吸光系数（L/mol·cm），b 为光程长度（cm），c 为溶液浓度（mol/L）。

现代仪器采用模块化设计，核心组件包括：

（1）双光源系统。氘灯（190～400 nm 紫外区）与钨灯（400～1 100 nm 可见区）实现全谱覆盖。

（2）高精度单色器。全息光栅分光技术确保±0.1 nm 波长精度。

（3）样品室。配备石英/玻璃比色皿（紫外分析用石英比色皿，可见光分析可用玻璃比色皿）。

（4）检测系统。光电倍增管或二极管阵列检测器。

（5）智能控制系统。集成自动调零、基线校正、数据拟合等功能。

2. 标准化操作流程

（1）开机准备。

检查光学系统洁净度，确认比色皿配对误差＜0.5%。

预置实验参数：选择特征吸收波长（通常取 $\lambda_{max}\pm5$ nm，λ_{max} 为最大吸收波长）。

预热 30 min 使光源稳定（氘灯需 15 min，钨灯需 5 min）。

（2）校准与测量。

空白校正：使用参比溶剂建立基线。

标准曲线法：配制 5～7 个梯度浓度标准液，建立 $A-c$ 线性模型（$R^2\geqslant0.999$）。

样品测试：控制吸光度在 0.3～0.7 理想区间（误差＜1%）。

数据记录：自动保存全谱扫描数据及特征波长吸光度值。

3. 关键操作规范

(1)样品处理。

过滤处理(0.45 μm 滤膜)去除悬浮颗粒物。

控制溶液 pH 值(缓冲体系绝对误差≤0.02)。

避免使用挥发性溶剂(必须使用挥发性溶剂时石英比色皿加上盖子)。

(2)仪器操作。

比色皿装液量保持 3/4 高度左右,透光面无指纹残留。

紫外区测量必须使用石英比色皿。

高浓度样品采用光程调节技术(如可变光程池)。

(3)环境控制。

温度波动绝对值≤2 ℃/h,湿度维持在 40%～60%RH(相对湿度)。

避免强电磁干扰(距大型设备>3 m)。

定期进行暗电流校正(每周至少 1 次)。

4. 维护保养体系

(1)日常维护。

①光学系统:定期检查光源和光栅的工作状态,每月用乙醇—乙醚混合液(1∶3)擦拭光学窗口,如有损坏或老化应及时更换。

②机械系统:季度性润滑样品室导轨。

③电子系统:半年检测 AD 转换器线性度。

(2)周期性校准。

定期检查并校正光程和零点吸光度,保证测量的准确性和可靠性。确保光源和检测器的灵敏度在合理范围内,调整工作参数以适应不同的实验需求。

①波长精度:汞灯特征谱线校准(237.83、253.65、313.16 nm)。

②光度精度:重铬酸钾标准液验证(0.005 mol/L H_2SO_4 介质)。

③杂散光检测:NaI(10 g/L)溶液在波长 220 nm 处测定。

(3)故障预防。

光源寿命监控:氘灯>1 000 h,钨灯>2 000 h 需更换。

检测器老化检测:基线噪声>0.000 5 AU 时需维护。

避免严重震动和冲击,以免对仪器造成损坏。

通过建立标准操作程序(SOP)并实施三级维护体系(日常/预防/纠正性维护),可使仪器长期保持≤0.3%的测量不确定度。通过正确使用和维护紫外—可见分光光度计,可以获得准确可靠的测量结果,保证实验的质量和科研的顺利进行。在使用过程中,用户还应严格按照仪器的使用说明进行操作,并根据实际情况加以灵活应用。同时,定期进行检验和校正,及时修复和更换损坏的部件,确保仪器长期稳定和工作可靠。

2.1.2　红外光谱仪

红外光谱仪是一种基于物质对红外光选择性吸收原理的分析仪器,主要用于测定样品在红外区(波长>760 nm)的吸收光谱。其特点包括非破坏性、高灵敏度、快速分析,以及适用于气态、液态、固态等多种形态的样品,广泛应用于有机化合物结构解析、材料成分分析、环境监测及药物质量控制等领域。

1. 仪器原理

光吸收原理:物质分子中的化学键或官能团在特定红外波长下会发生振动或转动能级跃迁,吸收相应能量,形成特征红外吸收光谱。

2. 仪器组成

(1)光源。通常采用硅碳棒或能斯特灯,发射连续红外光。

(2)单色器。利用光栅或棱镜分光,分离出特定波长的红外光。

(3)样品室。放置待测样品(固体常采用压片法,液体需使用盐窗比色皿)。

(4)检测器。常用热电偶或 DTGS(氘代硫酸三甘肽)检测器,将光信号转换为电信号。

(5)数据处理系统。记录并分析光谱数据。

3. 使用说明

(1)样品制备。

固体样品:与 KBr 粉末混合压片,确保厚度均匀且透光性良好。

液体样品:注入盐窗(如 NaCl 或 KBr)比色皿,避免吸潮。

气体样品:使用专用气体池,确保密封性。

(2)仪器操作步骤。

预热:开启电源,预热仪器 15~30 min 以稳定光源和检测器。

背景扫描:空样品室下进行背景光谱扫描,消除环境干扰。

参数设置:选择扫描范围(如 4 000~400 cm^{-1})、分辨率和扫描次数。

样品测试:将制备好的样品放入样品室,启动扫描并记录光谱。

数据分析:通过特征吸收峰识别官能团或比对标准谱库定性/定量分析。

4. 仪器维护

需定期清洁盐窗和样品室,避免指纹或污染物影响透光性;存放时保持干燥,防止潮解(如 KBr 吸潮后需重新干燥);定期使用聚苯乙烯薄膜或标准气体校准红外光谱仪的波长和强度。

光源与检测器使用中需避免机械振动,更换时要戴手套防止污染;检测器需防潮,长期不用时应置于干燥环境中。

5. 注意事项

(1)实验室温度控制在 15~25 ℃,湿度≤50%,避免水蒸气干扰红外光谱。

(2)避免使用含强腐蚀性溶剂的样品,防止盐窗损坏;挥发性样品需密封测试,防止污染仪器。

(3)测试后及时清理样品残留,避免交叉污染。

红外光谱仪通过分析物质对红外光的特征吸收,为化学结构解析和成分分析提供重要依据。正确使用和维护仪器可确保数据的准确性和延长设备寿命，实验时需严格遵循操作规范，关注环境与样品的制备细节。

2.1.3　荧光分光光度计

荧光分光光度计是基于光致发光原理实现痕量物质分析的高灵敏度光学分析仪器，其检测限可达皮摩尔级(10^{-12} mol/L)，在生物标志物检测、药物代谢分析和环境污染物监控等领域具有不可替代的作用。该仪器通过双单色器系统实现激发光谱与发射光谱的精准分离，可解析复杂体系中的多组分荧光特征。

1. 荧光原理与仪器构效关系

荧光产生遵循 Frank-Condon 原理与斯托克斯位移规律。当激发光(通常为紫外一可见波段)作用于荧光物质时，基态分子中的电子吸收光子能量跃迁至激发态(通常是第一电子激发态 S^- 的较高振动能级)，随即(通常在 10^{-12} s 量级内)通过振动弛豫等非辐射过程弛豫至该电子激发态的最低振动能级，随后从该最低振动能级以辐射跃迁(荧光)形式返回基态，发射出波长长于激发光的光子；在此过程中，部分激发能(通常约 10%)通过内转换等非辐射途径转化为热能耗散。现代仪器采用模块化设计，核心系统包括以下几个方面：

(1)激发光源。150 W 氙弧灯(光谱连续覆盖 200～1 000 nm)或半导体激光器(单色性好)，配合椭球面反射镜提升光通量。

(2)分光系统。Czerny-Turner 型双光栅单色器(激发端分辨率≤1.5 nm，发射端分辨率≤2 nm)，采用闪耀光栅提高 300～800 nm 区间衍射效率。

(3)检测模块。侧窗式光电倍增管(PMT，响应波长 185～900 nm)配合锁相放大器，暗电流≤0.1 nA，信噪比≥300∶1(罗丹明 B 标准测定)。

(4)温控单元。帕尔贴半导体控温样品室(精度±0.1 ℃)，满足温度敏感型荧光探针检测需求。

2. 标准化操作规范与误差控制

(1)样品前处理。

①基质效应消除：采用标准加入法校正复杂基质干扰，对蛋白质类样品需添加 0.22 μm滤膜除菌处理，防止光散射。

②浓度适配原则：遵循比尔一朗伯定律，控制吸光度在 0.05～1.0 区间(荧光强度与浓度呈线性关系)，高浓度样品采用微量比色皿(50 μL)缩短光程。

(2)仪器参数优化。

①波长校准。每月使用汞灯特征谱线(如 253.7、365.0、404.7 nm)验证单色器波长精度，绝对偏差应≤0.5 nm。

②狭缝宽度。激发/发射狭缝采用联动模式(5 nm/5 nm→10 nm/10 nm)，兼顾灵敏度与光谱分辨率。

③响应时间。根据荧光寿命设置(罗丹明 6G 约 4 ns，响应时间需≤0.1 s)，时间分辨模式需启用光子计数检测。

(3)质量控制程序。

采用 1 mg/L 硫酸奎宁(0.1 mol/L H_2SO_4介质)验证仪器灵敏度，荧光强度波动应<2%(相对标准偏差)；每季度使用 NIST SRM 2944(荧光素标准物质)验证量子产率测量准确性，误差应≤5%。

3.仪器操作步骤

(1)准备样品。根据实验需要准备好需要测试的样品，保证样品中含有荧光物质。

(2)调节荧光分光光度计。开启荧光分光光度计自检并进行预热，确保仪器在工作温度下。根据实验要求，选择合适的激发波长和荧光检测波长，并调整荧光分光光度计的相关参数，如积分时间和增益等。

(3)校准。使用标准样品进行校准，确保荧光分光光度计的准确性和稳定性。

(4)测量样品。将待测样品注入测量池中，确保样品充分散布，并避免泡沫、颗粒物等对测量结果的影响。按下测量按钮等待测量结果显示或记录数据。

4.注意事项及维护

(1)样品应避免长时间暴露在光线中，避免光解或光使样品中的荧光物质受到破坏。避免样品受到温度变化的影响，应在恒温环境下进行测量，以保证测量结果的准确性和重复性。

(2)在进行测量时，应根据实验要求选择合适的激发波长和荧光检测波长，并选择合适的荧光强度范围和积分时间，以避免信号饱和或检测灵敏度不足。

(3)样品处理操作应尽量避免对荧光物质的破坏，如禁止使用含有荧光物质的样品接触有机溶剂等。

(4)定期对仪器进行清洁，避免灰尘、污垢等对光学系统的影响；定期更换消耗品，如激发源、荧光检测器等，以保证仪器正常工作。

(5)在仪器长时间不使用时，应关闭电源并妥善存放，避免损坏。

荧光分光光度计是一种用于测量样品荧光强度的仪器，通过激发样品中的荧光物质并测量样品产生的荧光强度，了解样品中荧光物质的特性。在使用荧光分光光度计时，需要准备好样品并进行仪器的调节和校准，然后进行样品的测量，并对测量结果进行数据处理和分析。在使用过程中需要注意样品的处理、仪器的调节和清洁，同时定期进行仪器的维护和保养，以确保仪器的正常工作和测量结果的准确性。

2.2 基本操作实验

实验一 分光光度法测定食品中 NO_2^- 含量

一、实验目的

(1)掌握分光光度法测定香肠中亚硝酸盐含量的基本原理。

(2)掌握肉类制品的前处理及严格规范亚硝酸盐样品的提取。

(3)熟悉可见光分光光度计的使用及测定原理。

二、实验原理

亚硝酸盐是一种常见的食品添加剂，广泛应用于各类食品中。亚硝酸盐具有抑制肉毒梭状芽孢杆菌、使肉制品发色以及增强风味的作用，目前还没有理想的替代物。但亚硝酸盐若摄入过量，将导致正常血红蛋白(二价铁)向高铁血红蛋白(三价铁)转变，进而丧失携氧能力，引发组织缺氧，罹患高铁血红蛋白症；同时，它还能在体内与仲胺等物质结合，生成强致癌物——亚硝酸铵，使消化系统面临癌变风险。我国《食品安全国家标准　食品添加剂使用标准》(GB 2760—2024)明文规定，酱卤肉制品、肉灌肠类等食品加工中亚硝酸盐(按亚硝酸钠计)的含量不得超过 150 mg/kg，且加工后残留量须低于 30 mg/kg。本实验基于重氮化—偶联反应，采用分光光度法测定食品中的亚硝酸盐含量。其原理可分为以下三个步骤。

1. 样品前处理

待测食品试样经蛋白质沉淀和去除脂肪处理后，获得澄清的待测溶液。这一步骤可消除样品基质干扰，确保测定结果的准确性。

2. 显色反应

在弱酸性条件下(pH≈2.0)，亚硝酸盐与对氨基苯磺酸发生重氮化反应，生成重氮盐化合物。该重氮盐随即与盐酸萘乙二胺发生偶联反应，形成稳定的紫红色偶氮染料。反应方程式如下：

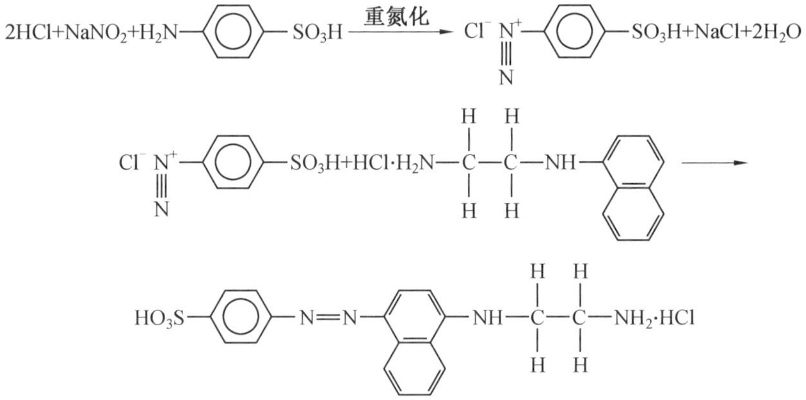

3. 定量分析

生成的紫红色偶氮染料在波长 538 nm 处具有最大吸收峰。根据朗伯—比尔定律，溶液吸光度与亚硝酸盐浓度在一定范围内呈线性关系。通过绘制标准曲线，可实现食品试样中亚硝酸盐的定量分析。

饱和硼砂溶液的作用：吸收亚硝酸盐中的 NO_2^-，使亚硝酸盐的总量不会因加热而减少。提供碱性环境，促使脂肪皂化。

亚铁氰化钾溶液和乙酸锌(可用硫酸锌代替)的作用：蛋白质沉淀剂。亚铁氰化钾溶液和乙酸锌反应，生成亚铁氰化锌沉淀，从而与蛋白质共沉淀。

该方法灵敏度高，选择性好，显色反应专属性强，具有较好的抗干扰能力，前处理步骤简单，显色反应速度快；其最低检出限为 0.000 1 g/kg，线性范围为 0.01～1.0 mg/L，RSD(相对标准偏差)<5%。该方法可应用于肉制品、腌制食品、乳制品及水产品中微量亚硝酸盐含量的测定。

三、实验仪器与试剂

1. 仪器

天平、组织捣碎机、超声波清洗器、723 型分光光度计。

2. 试剂

(1)亚铁氰化钾溶液(106 g/L)。称取 106.0 g 亚铁氰化钾，用蒸馏水溶解，并稀释至1 000 mL。

(2)乙酸锌溶液(220 g/L)。称取 220.0 g 乙酸锌，先加 30 mL 冰醋酸溶解，用水稀释至1 000 mL。

(3)饱和硼砂溶液(50 g/L)。称取 5.0 g 硼酸钠，溶于 100 mL 热水中，冷却后备用。

(4)盐酸萘乙二胺溶液(10 g/L)。称取 1.0 g 盐酸萘乙二胺，溶于 100 mL 水中，混匀后，置于棕色瓶中，避光保存。

(5)对氨基苯磺酸溶液(4 g/L)。称取 0.4 g 对氨基苯磺酸，溶于 100 mL 20%(体积分数)盐酸中，置棕色瓶中混匀，避光保存。

(6)亚硝酸钠标准溶液(10 μg/mL)。精密称取 0.005 0 g 在硅胶干燥器中已干燥24 h的亚硝酸钠，用蒸馏水溶解移入 500 mL 容量瓶中，并稀释至刻度。此溶液的亚硝酸钠含量为 10 μg/mL。

四、实验步骤

1. 提取

精确称取 5.000 0 g 肉肠，制成匀浆的试样(如制备过程中加水，应按加水量折算)，置于 100 mL 烧杯中，加入 13 mL 饱和硼砂溶液，搅拌均匀，以 100 mL 70 ℃左右的水分多次将试样洗入 250 mL 容量瓶中，于沸水浴中加热 15 min，取出置冷水浴中冷却，并放置至室温。

2. 提取液净化

在振荡上述提取液时加入 3 mL 亚铁氰化钾溶液，摇匀，再加入 3 mL 乙酸锌溶液，以沉淀蛋白质。加水至刻度，摇匀，放置 30 min，除去上层脂肪，上清液用滤纸过滤，弃去15 mL初滤液，滤液备用。

3. 亚硝酸盐的测定

(1)标准加入法。

吸取 10 mL 上述滤液于 50 mL 容量瓶中，另吸取 0、1、2、3、4、5 mL亚硝酸钠标准溶液，分别置于 50 mL 容量瓶中。在标准溶液容量瓶中和试样容量瓶中分别加入 8 mL 对氨基苯磺酸溶液，混匀，静置 3～5 min，然后分别加入 1 mL 盐酸萘乙二胺溶液，加水调至刻度，混匀，静置 15 min，用 1 cm 比色皿，以空白调节零点，于波长 538 nm 处测定吸光度，绘制标准曲线。

(2)标准曲线法。

①绘制标准曲线。准确移取亚硝酸钠标准溶液 0、0.4、0.8、1.2、1.6、2.0 mL 于 6 支编好序号的 50 mL 容量瓶中，向 6 支容量瓶中加入 30 mL 蒸馏水和 2 mL 对氨基苯磺酸溶液，充分摇匀，静置 3 min。分别加入 1 mL 盐酸萘乙二胺溶液，用蒸馏水定容，摇匀后静置 15 min。

在 723 可见分光光度计上，用 1 cm 吸收池，以空白试剂为参比，于波长 538 nm 处测定各溶液的吸光度 A；绘制 $A-c$ 的工作曲线。

②样品的测定。准确移取第 2 步中经过净化处理的试样滤液 40 mL，加到 50 mL 容量瓶中，加 2 mL 对氨基苯磺酸溶液和 1 mL 盐酸萘乙二胺溶液，定容，配制试样溶液；在 723 型分光光度计上，用 1 cm 吸收池，以空白试剂为参比，于波长 538 nm 处测定样品溶液的吸光度 A。

在工作曲线上求出试样溶液中亚硝酸钠的浓度(μg/mL)，计算试样溶液中亚硝酸钠的质量分数(以 mg/kg 表示)。

五、数据记录和处理

以亚硝酸盐标准液的浓度为横坐标，吸光度为纵坐标，绘制标准曲线；测未知样吸光度，在标准曲线上查找未知样浓度，计算样品中的亚硝酸盐含量。

六、注意事项

(1)处理样品时，需严格控制反应体系为碱性，pH 值约为 9.18，因为：①锌盐沉淀蛋白质时，要求为碱性环境；②碱性下处理肉制品，脂肪被皂化，减少样品被脂肪包裹，使亚硝酸根更易被提取到水溶液中；③在碱性下亚硝酸根以离子存在，易溶且稳定。

(2)为了使亚硝酸根提取完全，应该进行热处理，应控制好加热时间，约为 15 min。因为在加热下样品容易挥发，也易分解，造成损失。

(3)盐酸萘乙二胺有致癌的作用，使用时要注意安全，测试废液应集中收集处理。标准溶液需现用现配，显色时间应保持一致。

七、思考题

(1)亚硝酸盐作为一种食品添加剂，具有哪些特点？你能否找到一种优于亚硝酸盐的替代品？

(2)本实验中饱和硼砂溶液和乙酸锌溶液的作用是什么？

(3)承接滤液时，为什么要弃去 10 mL 初滤液？

实验二　紫外吸收光谱测定蒽醌含量和摩尔吸光系数

一、实验目的

(1)学习紫外吸收光谱进行定量分析的原理及操作方法。

(2)掌握测定蒽醌试样吸收波长的方法。

(3)掌握蒽醌最佳波长的选择。

二、实验原理

具有不饱和结构的有机化合物(例如芳香族化合物)在紫外区(200～400 nm)表现出特征吸收,这种吸收特性可用于有机化合物的鉴别。在利用紫外吸收光谱进行定量分析时,由于蒽醌样品中存有邻苯二甲酸酐,必须谨慎选择适当的测定波长。二者的紫外吸收光谱如图 2.1 所示。

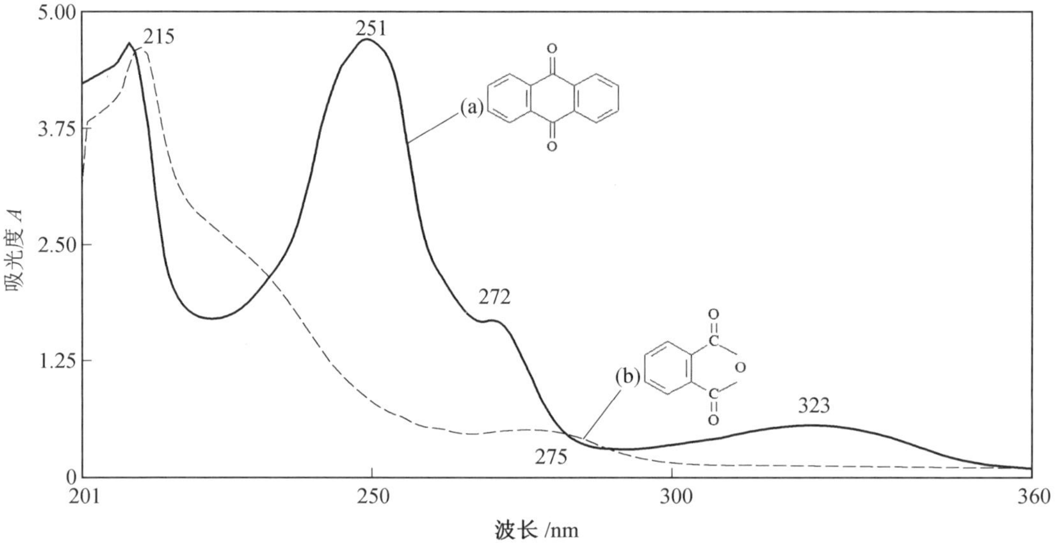

图 2.1　蒽醌(a)和邻苯二甲酸酐(b)的紫外吸收光谱

鉴于蒽醌分子结构中的共轭双键体系大于邻苯二甲酸酐,因此蒽醌的吸收峰红移程度高于邻苯二甲酸酐,且两者的吸收峰形状及最大吸收波长各不相同。蒽醌在波长 251 nm处有一强吸收峰[$\varepsilon=4.6\times10^4$ L/(mol · cm)],在波长 323 nm 处有一中等强度的吸收峰[$\varepsilon=4.7\times10^3$ L/(mol · cm)]。而邻苯二甲酸酐在波长 251 nm 附近也有强吸收峰[($\varepsilon=3.3\times10^4$ L/(mol · cm)],为了避开邻苯二甲酸酐的干扰,本实验选用波长 323 nm作为测定蒽醌 ε 的工作波长。由于甲醇在波长 250～350 nm 处无吸收干扰,因此可选用甲醇作为参比溶液。

在使用紫外—可见分光光度计之前,应确保仪器已预热至少 30 min。预热是为了确保仪器内部稳定,从而提高测试结果的准确性。

三、实验仪器与试剂

1. 仪器

TU－1901 型紫外－可见分光光度计。

2. 试剂

(1)4.0 g/L 蒽醌标准储备液。准确称取 0.400 0 g 蒽醌试样于 100 mL 烧杯中，用甲醇溶解后，转移至 100 mL 容量瓶中，以甲醇稀释至刻度，摇匀。

(2)0.040 0 g/L 蒽醌标准溶液。吸取 1.0 mL 上述蒽醌储备液于 100 mL 容量瓶中，以甲醇稀释至刻度，摇匀。

(3)蒽醌试样溶液。准确称取 0.100 0 g 蒽醌试样于小烧杯中，用甲醇溶解后，转移至50 mL容量瓶中，以甲醇稀释至刻度，摇匀。

四、实验步骤

(1)蒽醌系列标准溶液的配制。在 5 支 10 mL 容量瓶中，分别加入 2.00、4.00、6.00、8.00、10.00 mL 蒽醌标准溶液(0.040 0 g/L)，然后用甲醇稀释至刻度，摇匀备用。

(2)根据实验条件，将 TU－1901 型紫外－可见分光光度计按照操作步骤调节，取蒽醌系列标准溶液中的任意一份，以甲醇为参比溶液，测量蒽醌的紫外吸收光谱。

(3)配制邻苯二甲酸酐浓度为 0.1 g/L 的甲醇溶液，以甲醇为参比溶液，按上述方法绘制其紫外吸收光谱。

(4)在波长 323 nm 处，以甲醇为参比溶液，测定蒽醌系列标准溶液及蒽醌试样溶液的吸光度。以蒽醌系列标准溶液的吸光度为纵坐标，浓度为横坐标绘制标准曲线，根据蒽醌试样溶液的吸光度，在标准曲线上查得其对应的浓度，并根据试样配制情况计算蒽醌试样中蒽醌的含量，并计算此波长的 ε 值。

五、数据记录和处理

根据上述实验步骤，将所测数据填入表 2.1 中，并根据试样配制情况，计算蒽醌样品中蒽醌的质量分数及 ε 值。

表 2.1　实验数据及处理

参数	标准溶液					蒽醌试样溶液
V/mL	2.00	4.00	6.00	8.00	10.00	
$c/(\text{g}\cdot\text{L}^{-1})$						
A						
$\varepsilon/(\text{L}\cdot\text{mol}^{-1}\cdot\text{cm}^{-1})$						

六、注意事项

(1)注意紫外－可见分光光度计的正确使用。

(2)注意仪器的开关顺序。

(3)测试溶液吸光度除各样品特殊注明外,其吸光度以在 0.3～0.7 为宜。

(4)在进行测试时,应确保测试槽内无杂质和残留物。轻轻放入样品,避免碰撞和摇晃。测试过程中,注意观察测试结果,确保数据稳定并符合预期。测试结束后,应及时清洁仪器;定期清洁测试槽和内部光学元件,以保持仪器的性能和准确性。

七、思考题

(1)简述利用紫外吸收光谱进行定量分析的操作步骤。

(2)参比溶液的作用是什么?本实验中为什么以甲醇作为参比溶液,是否可以用其他溶液替代?

(3)测定蒽醌系列标准溶液和蒽醌试样溶液吸光度时,工作波长为什么选用 323 nm 而不选用 251 nm?

实验三　有机化合物紫外吸收光谱及溶剂性质对光谱的影响

一、实验目的

(1)熟悉有机化合物中几种主要的电子跃迁类型。

(2)学习有机化合物紫外吸收光谱的绘制方法。

(3)观察溶剂极性对异亚丙基丙酮吸收光谱的影响。

(4)学习并掌握紫外一可见分光光度计的使用。

二、实验原理

具有不饱和结构的有机化合物,特别是芳香族化合物,在近紫外区(200～400 nm)表现出特征吸收,为鉴定有机化合物提供了有用的信息。苯有三个吸收带,它们都是由 $\pi \rightarrow \pi^*$ 跃迁引起的。

E1 带:λ_{max}=180 nm[ε_{max}=60 000 L/(cm·mol)]。

E2 带:λ_{max}=204 nm[ε_{max}=8 000 L/(cm·mol)]。

两者都属于强吸收带。

B 带出现在波长 230～270 nm 处,其 λ_{max}=254 nm[ε_{max}=200 L/cm·mol)]。在气态或非极性溶剂中,苯及其许多同系物的 B 带有许多精细结构,这是振动跃迁在基态电子跃迁上叠加的结果。在极性溶剂中,这些精细结构消失。当苯环上有取代基时,苯的上吸收带都将发生显著的变化,苯的 B 带显著红移,并且吸收强度增大。

稠环芳烃均显示苯的三个吸收带,均发生红移且吸收强度增加。

紫外吸收光谱定性的方法是比较未知物与已知纯样品在相同条件下绘制的吸收光谱,或将绘制的未知物吸收光谱与标准谱图(如 Sadtler 紫外光谱图)相比较,若两光谱图的曲线形状、吸收峰的数目、λ_{max}和 ε_{max}相同,则表明它们是同一有机化合物。

溶剂的极性对有机物的紫外吸收光谱有一定的影响,如对光谱的波长、强度、形状及精细结构等都有影响。当溶剂的极性由非极性转变到极性时,精细结构消失,吸收带变平缓。显然，这是由于未成键电子对的溶剂化作用降低了 n 轨道的能力，使 n→π* 跃迁产生的吸收带发生蓝移，而 π→π* 跃迁产生的吸收带则发生红移。

三、实验仪器与试剂

1. 仪器

TU－1901 型紫外－可见分光光度计。

2. 试剂

苯、甲醇、乙醇、环己烷、氯仿、异亚丙基丙酮、正己烷；0.1 mol/L HCl；0.1 mol/L NaOH；苯的环己烷溶液（1∶250）；甲苯的环己烷溶液（1∶250）；苯酚的环己烷溶液（0.3 g/L）；苯甲酸的环己烷溶液（0.8 g/L）；苯胺的环己烷溶液（1∶3 000）；苯酚的水溶液（0.4 g/L）；分别用水、甲醇、氯仿、正己烷配成异亚丙基丙酮的浓度为 0.4 g/L 的溶液。

四、实验步骤

实验前必须仔细阅读仪器的操作说明书，了解仪器的功能并掌握仪器的使用方法。

1. 苯、苯取代物的吸收光谱测绘

在 5 个 10 mL 具塞比色管中，分别加入 1.0 mL 苯、甲苯、苯酚、苯甲酸、苯胺的环己烷溶液，用环己烷稀释至刻度，摇匀。在带盖的石英比色皿中，以环己烷为参比溶液，在 220～350 nm范围内进行波长扫描，绘制紫外吸收光谱。观察各吸收光谱的图形，找出其 λ_{max}红移了多少纳米。

2. 溶剂性质对紫外吸收光谱的影响

在 4 个 10 mL 具塞比色管中，分别加入 0.20 mL 用水、甲醇、氯仿、环己烷配制的异亚丙基丙酮溶液，并分别用水、甲醇、氯仿、环己烷稀释至刻度，摇匀。用石英比色皿，以各自的溶剂为参比溶液，在 200～350 nm 范围内进行波长扫描，绘制紫外吸收光谱。比较吸收光谱的 λ_{max}的变化。

3. 乙醇中杂质苯的检查

在25 mL乙醇溶液中滴加一滴苯，以纯乙醇为参比溶液，在波长 200～300 nm 范围内扫描乙醇试样的吸收光谱。

五、数据记录和处理

（1）苯、苯取代物的紫外吸收光谱。

（2）不同溶剂的异亚丙基丙酮紫外吸收光谱。

（3）酸、碱性条件下苯酚的紫外吸收光谱。

六、注意事项

（1）紫外－可见分光光度计须开机预热 30 min 以上。

（2）石英比色皿每测试一种溶液或溶剂前必须清洗干净，并用被测溶液或参比溶液润洗 3 次。实验结束后将石英比色皿清洗干净。

(3)石英比色皿中溶液不要装得太满,要加盖,以免洒在仪器上。

七、思考题

(1)为什么极性溶剂有助于 $n\rightarrow\pi^*$ 跃迁产生的吸收带蓝移,而 $\pi\rightarrow\pi^*$ 跃迁产生的吸收带红移?

(2)被测试液浓度太大或太小时,对测量将产生怎样的影响,应如何调节?

(3)本实验中是否可用去离子水来代替各溶剂做参比溶液,为什么?

实验四　紫外分光光度法测定 2,4－二硝基苯酚中苯酚含量

一、实验目的

(1)掌握紫外光谱法进行物质定性、定量分析的基本原理。

(2)学习使用紫外－可见分光光度计双波长法测定苯酚含量的方法。

二、实验原理

在工业废水中常含有两种或两种以上的组分,有时需要分别测定它们的含量(mg/mL)。例如,苯酚和 2,4－二硝基苯酚,生产上前者是中间体,后者是产品,后者的环境毒性远远大于前者。由于苯酚和 2,4－二硝基苯酚的 UV 光谱有部分重叠,所以可以应用双波长法或导数光谱法分别测定二者的含量。该法也可用于环境污染物降解速率的研究。

双波长法:如果有两束单色光 I_1 和 I_2(入射强度 I_0 相等),交替地照射样品池,则样品在波长 λ_1 和 λ_2 处的吸光度分别为

$$-\lg\frac{I_{\lambda_1}}{I_0}=A_{\lambda_1}=E_{\lambda_1}cb$$

$$-\lg\frac{I_{\lambda_2}}{I_0}=A_{\lambda_2}=E_{\lambda_2}cb$$

两式相减得

$$\Delta A=-\lg\left(\frac{I_{\lambda_2}}{I_{\lambda_1}}\right)=A_{\lambda_2}-A_{\lambda_1}=(E_{\lambda_2}-E_{\lambda_1})cb$$

即吸光度差 ΔA 与组分浓度成正比,这是双波长法定量分析的基础。

三、实验仪器与试剂

1. 仪器

TU－1901 型紫外－可见分光光度计。

2. 试剂

苯酚标准溶液(0.1 mg/mL)、2,4－二硝基苯酚水溶液(18.0 mg/L)。

四、实验步骤

1. 配置系列标准溶液

用移液管准确移取 0.1 mg/mL 的苯酚标准溶液 0.00、2.00、4.00、6.00、8.00、10.00 mL，分别置于编号为 1～5 的 50 mL 容量瓶中，并用蒸馏水稀释至刻度，摇匀。

2. 苯酚水溶液及 2,4－二硝基苯酚水溶液吸收光谱的绘制

分别用上述第 5 号苯酚水溶液及 2,4－二硝基苯酚水溶(18.0 mg/L)，在波长为 220～300 nm范围内，以蒸馏水为参比溶液，用紫外－可见分光光度计和石英比色皿测绘它们的吸收光谱，得到 2 条吸收光谱绘于同一坐标系上；再选择合适的 λ_1 和 λ_2，在选择的波长处，再用 2,4－二硝基苯酚水溶液复测吸光度是否相等。

3. 标准曲线绘制

测定苯酚系列标准溶液在 λ_1 和 λ_2 处的吸光度，以浓度为横坐标，两个波长下的 ΔA 为纵坐标绘制标准曲线。

4. 测定未知溶液

取未知溶液 10.00 mL 置于 50.00 mL 容量瓶中，用蒸馏水稀释至刻度；以蒸馏水为参比溶液，用 1 cm 的石英比色皿在两个波长处测定吸光度，得到 ΔA。

五、数据记录和处理

(1) 绘制苯酚水溶液及 2,4－二硝基苯酚水溶液吸收光谱。

(2) 以浓度为横坐标，λ_1 和 λ_2 下的 ΔA 为纵坐标绘制苯酚水溶液标准曲线。

(3) 根据标准曲线计算未知溶液中苯酚的含量(mg/mL)。

六、注意事项

(1) 双波长法或导数光谱法可用于同时测定水样中两种物质，也可用于排除干扰测定某一种物质，但被测物质的浓度引起的光吸收不应太低，或两种物质在选定的波长处的光吸收应相差很大。

(2) 双波长法应尽量寻找两个波长，其中一个是某一组分的吸收峰值，另一个是另一组分的吸收峰值，两个波长之间至少是某一组分吸光度变化较小的区间。

七、思考题

(1) 在配制苯酚标准溶液时，若实际浓度与标称值存在偏差(如移液或定容操作失误)，会对最终测定结果产生何种影响？结合标准曲线的斜率($\Delta\varepsilon$)和截距，讨论如何通过实验步骤(如平行测定、空白校正)减小此类误差？

(2) 实验中发现 2,4－二硝基苯酚的紫外光谱与苯酚存在部分重叠。若需直接测定苯酚含量，可采用哪些方法消除干扰？

(3) 在用双波长法测定苯酚和 2,4－二硝基苯酚混合样品时，如何选择各自的测定波

长(如 λ_1、λ_2)?请结合两者的紫外吸收特性,解释为何需分别在 λ_1 和 λ_2 处测定吸收值,并说明 ΔA 在定量分析中的作用。

实验五 邻二氮菲分光光度法测定水中微量铁含量

一、实验目的

(1)了解分光光度法测定物质含量的一般条件及其选定方法。

(2)掌握使用邻二氮菲分光光度法测定 Fe^{2+} 的方法。

二、实验原理

Fe^{2+} 与邻二氮菲反应生成红色配合物,在波长 510 nm(最大吸收波长)处,其吸光度的高低与浓度的关系符合朗伯—比尔定律。

Fe^{2+} 与邻二氮菲在 pH 值为 2~9 时都能形成稳定的红色配合物,但在 pH 值为 5~6 时最佳。铁必须是以 Fe^{2+} 形式反应,因此显色前要加入还原剂,通常用盐酸羟胺作为还原剂,反应式如下:

$$4Fe^{3+} + 2NH_2OH \longrightarrow 4Fe^{2+} + N_2O\uparrow + 4H^+ + H_2O$$

Fe^{2+} 与邻二氮菲的反应式如下:

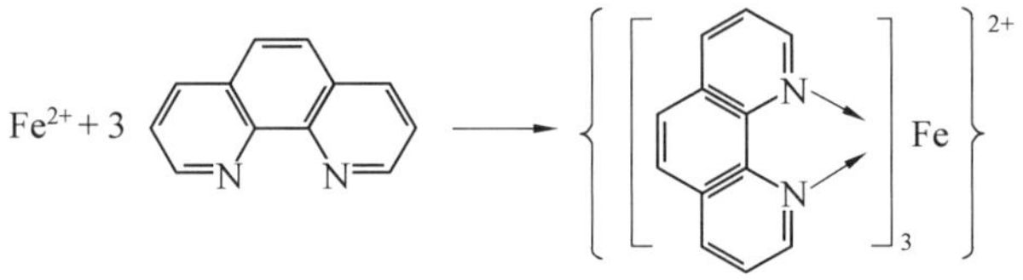

三、实验仪器与试剂

1. 仪器

TU—1901 型紫外—可见分光光度计。

2. 试剂

0.1 mg/mL 标准铁溶液:准确称取 0.863 4 g 分析纯硫酸铁铵置于烧杯中,加入 20 mL 6 mol/L 的 HCl 溶液,溶解后转入 1 000 mL 容量瓶,用蒸馏水稀释至刻度,摇匀。

0.1%邻二氮菲溶液(新配);10%盐酸羟铵溶液(新配);1 mol/L NaAc 缓冲溶液。

四、实验步骤

1. 标准曲线绘制

用吸量管吸取 2 mL 标准铁溶液,注入 50 mL 容量瓶中,依次加入 1 mL 盐酸羟铵溶液(摇匀)、3 mL 邻二氮菲溶液、5 mL 1 mol/L 的 NaAc 缓冲溶液,定容至刻度,摇匀。在 721(或 722)型分光光度计上,用 1 cm 比色皿,以试剂空白为参比溶液,在波长为 440~860 nm 范围内测量标准溶液的吸光度。以波长为横坐标,吸光度为纵坐标绘制吸收曲线,选择吸收峰最高点所对应的波长为工作波长。

2. 样品检测

在 6 支 50 mL 容量瓶中，用移液管分别加入 0.00、0.50、1.00、1.50、2.00、2.50 mL 的铁标准溶液，另取 1 支 50 mL 的容量瓶，加入 2.00 mL 未知溶液，在 7 支容量瓶中均依次加入 1.00 mL 盐酸羟胺溶液、2.00 mL 邻二氮菲溶液、5.00 mL NaAc 缓冲溶液。选定波长，用 1 cm 比色皿，以试剂为参比溶液，测定标准溶液和未知溶液的吸光度并填入表 2.2 中。绘制标准曲线，在标准曲线上查出未知溶液中铁的浓度(g/L)，并换算成试样中铁的含量(mg/mL)。

五、数据记录和处理

(1)记录。

表 2.2　标准溶液及未知溶液的吸光度

项目	Ⅰ	Ⅱ	Ⅲ	Ⅳ	Ⅴ	Ⅵ	未知溶液
Fe^{2+}/mL	0.00	0.50	1.00	1.50	2.00	2.50	2.00
吸光度 A							
$c/(\times10^3\,mg\cdot mL^{-1})$	0.00	1.00	2.00	3.00	4.00	5.00	

(2)绘制曲线。

①吸收曲线。

②标准曲线。

(3)对各项测定结果进行分析并得出结论。

(4)根据未知溶液的吸光度，在标准曲线上查出对应的铁的浓度，求出铁的含量。

六、注意事项

(1)不能颠倒各种试剂加入的顺序。

(2)读数据时要注意吸光度 A 和透光率 T 所对应的数据。

(3)最佳波长选择好后不要再改变。

七、思考题

(1)邻二氮菲分光光度法测定水中微量铁时为什么要加入盐酸羟胺溶液？

(2)在本实验中参比溶液的作用是什么？可否用蒸馏水作参比溶液？

(3)本实验中哪些试剂应准确加入，哪些不必严格准确加入，为什么？

实验六　食品功能性成分的红外光谱分析

一、实验目的

(1)掌握红外光谱分析法的基本原理。

(2)掌握傅里叶红外光谱仪的结构和操作方法。

(3)掌握基本且常用的 KBr 压片制样技术。

(4)通过实验巩固对常见有机化合物基团特征吸收峰的记忆。

二、实验原理

苯甲酸是一种芳香酸类有机化合物，也是最简单的芳香酸，为无色、无味片状晶体，熔点 122.13 ℃，沸点 249 ℃，相对密度 1.265 9。在酸性条件下，苯甲酸对霉菌、酵母和细菌均有抑制作用，但对产酸菌作用较弱。苯甲酸在食品工业用塑料桶装浓缩果蔬汁中最大使用量为 2.0 g/kg；在果酱(不包括罐头)、果汁(味)型饮料、酱油、食醋中最大使用量为 1.0 g/kg；在软糖、葡萄酒、果酒中最大使用量为 0.8 g/kg；在低盐酱菜、酱类、蜜饯中最大使用量为 0.5 g/kg；在碳酸饮料中最大使用量为 0.2 g/kg。由于苯甲酸微溶于水，使用时可用少量乙醇使其溶解。

红外吸收光谱法是通过研究物质结构与红外吸收光谱间的关系，来对物质进行分析的。红外光谱可以用吸收峰谱带的位置和峰的强度加以表征。测定未知物结构是红外光谱定性分析的一个重要用途。根据实验所测绘的红外光谱图的吸收峰位置、强度和形状，利用基团振动频率与分子结构的关系来确定吸收带的归属，确认分子中所含的基团或键，并推断分子的结构。确定的步骤如下：

(1)对样品做初步了解，如样品的纯度、外观、来源、元素分析结果及物理性质(相对分子质量、沸点、熔点)。

(2)确定未知物不饱和度，以推测化合物可能的结构。

(3)图谱解析。

先在官能团区(4 000～1 300 cm^{-1})搜寻官能团的特征伸缩振动，再根据“指纹区”(1 300～400 cm^{-1})的吸收情况，进一步确认该基团的存在以及与其他基团的结合方式。

当傅里叶交换红外光谱仪中的迈克尔干涉仪发出的干涉光通过由 KBr 和有机化合物制成的样品压片时，其中频率与样品中有机化合物基团振动频率一致的部分将会被吸收，检测器将检测到被吸收后的干涉图谱(时域图谱)，经计算机进行傅里叶积分变换，可将该干涉图谱变换为红外吸收图谱(频域图谱)。

三、实验仪器与试剂

1. 仪器

傅里叶变换红外光谱仪。

2. 试剂

苯甲酸样品(AR)、KBr(光谱纯)。

四、实验步骤

1. 红外光谱仪的准备

实验前必须仔细阅读仪器的操作说明书，了解仪器的功能并掌握仪器的使用方法。

(1)打开红外光谱仪电源开关，待仪器稳定 30 min 以上，方可测定。

(2)打开电脑,选择系统,打开软件;在 Collect 菜单下的 Experiment Set—up 中设置实验参数。

(3)参数设置:分辨率为 4 cm^{-1},扫描次数为 8,扫描范围为 4 000～400 cm^{-1},纵坐标为 Transmittance。

2. 固体样品的制备

称取事先经 105 ℃脱水干燥后的苯甲酸 5～7 mg 和 0.2、0.5、0.8、1.2、1.5、1.8、2.0、2.5、3.0 g 干燥的 KBr 粉末于玛瑙研钵中,在红灯下研磨混匀,至粒径在2 μm左右,用不锈钢铲取 70～90 mg 粉末在压片装置中压成透明薄片,然后转移到压片模具上,放好各部件后,把压模置于中心,并旋转压力丝杆手轮压紧压模,顺时针旋转放油阀到底,缓慢上下移动压把,加压开始,注视压力表。当压力加到 16 MPa 时,停止加压,维持 45 s,逆时针缓慢旋转放油阀,解除压力,压力表指针指“0”,旋松压力丝杆手轮取出压模。本底用同样质量的纯 KBr 制作。

3. 样品的红外光谱测定

(1)小心取出试样薄片,装在样品架上,放入傅里叶红外光谱仪的样品室中,在选择的仪器程序下进行测定,通常先测 KBr 的空白背景,再将样品置于光路中,测量样品红外光谱图。

(2)扫谱结束后,取出样品架,取下薄片,将压片模具、试样架等擦洗干净置于干燥器中保存好。

五、数据记录和处理

(1)对所测谱图进行基线校正及适当平滑处理,标出主要吸收峰的波数值,储存数据后,打印谱图。

(2)比较各种配比的苯甲酸和 KBr 的红外吸收谱图,得到最适合的配比,将最近配比的样品红外吸收谱图与苯甲酸的标准红外吸收谱图相比较,观察一致性。

六、注意事项

(1)压片前的研磨要在红外灯下进行,样品颗粒要研磨至颗粒粒径在 2 μm 左右。

(2)制得的晶片,必须无裂痕,局部无发白现象,完全透明或半透明状,否则应重新制作。

(3)所有用具应保持干燥、清洁;使用前可以用脱脂棉蘸酒精小心擦拭。操作过程中应保持模具表面干燥、清洁;防止样品腐蚀模具(KBr 对模具表面腐蚀很严重)。

(4)KBr 在粉末状态下极易吸水、潮解,应放在干燥器中保存,定期在干燥箱中 110 ℃或在真空烘箱中恒温干燥 2 h。

七、思考题

(1)KBr 和样品的研磨如果不在红外灯下进行,会发生什么现象?

(2)红外谱图解析的一般过程是什么?

(3)影响基团振动频率的因素有哪些？这对于由红外光谱推断分子的结构有什么作用？

(4)利用标准谱图进行化合物鉴定时要注意什么？

实验七　分子荧光分光光度法测定样品中维生素 B_2含量

一、实验目的

(1)掌握荧光分光光度法的原理。

(2)了解荧光分光光度计的构造，掌握其使用方法。

(3)学习测绘维生素 B_2的激发光谱和发射光谱以及用荧光分光光度法测定维生素 B_2的含量。

二、实验原理

荧光是一种光致发光现象，荧光物质具有特定的激发光谱和发射光谱。激发光谱通过测定荧光体的发光通量随波长变化而获得，反映不同波长激发光的相对效率。荧光发射光谱则是在固定的激发光源照射下，记录荧光物质发出的光的强度与发射波长的关系。荧光的发射波长通常大于激发波长。不同的荧光物质具有不同的发射波长，可以用于定性鉴定分析。部分荧光物质的荧光强度与其浓度成正比，因此可以利用荧光分光光度法来定量测定其含量。

维生素 B_2(又称核黄素，vitamin B_2)的结构如下所示：

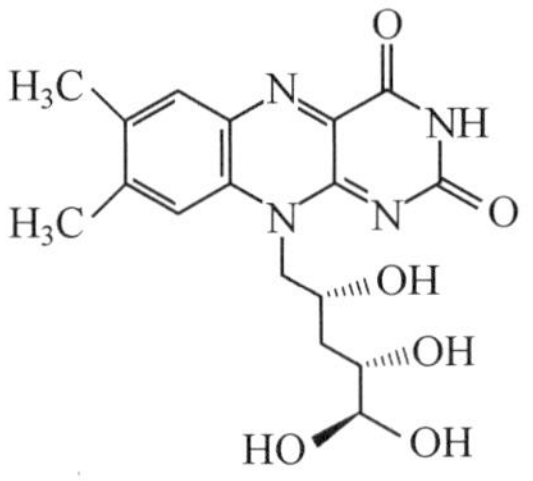

由于母核上 N_1和 N_5间具有共轭双键，增加了整个分子的共轭程度，因此维生素 B_2是一种具有强烈荧光特性的化合物。维生素 B_2在水溶液中较稳定，但在强光下易分解，分解速度随温度的升高和 pH 值的增高而加快。维生素 B_2在强酸或强碱溶液中分解，荧光消失，其水溶液在 pH 值为 6～7 时荧光最强。其最大激发波长为 λ_{ex}＝465 nm，最大发射波长为 λ_{em}＝520 nm。低浓度时，λ_{ex}＝465 nm 时在波长 520 nm 处测得的荧光强度与维生素 B_2的浓度成正比，即 $I_F=Kc$。采用标准曲线法或标准加入法可测定维生素 B_2片剂中维生素 B_2的含量。

三、实验仪器与试剂

1. 仪器

F97pro 荧光分光光度计。

2. 试剂

10.0 μg/mL 维生素 B_2 标准溶液：称取 10.0 mg 维生素 B_2 于小烧杯中，加入少量 1% 醋酸水溶液溶解后，转移至 1 000 mL 容量瓶中，用 1% 醋酸水溶液定容至刻度。

四、实验步骤

1. 维生素 B_2 的荧光激发光谱和发射光谱

移取 2.00 mL 维生素 B_2 标准溶液于 25 mL 容量瓶中，用 1% 醋酸水溶液稀释至刻度，摇匀。选择适当的仪器测量条件(如灵敏度、狭缝宽度、扫描速度及纵坐标和横坐标间隔、范围等)，将溶液倒入石英荧光池中，放在仪器的池架上，关好样品室盖。首先任意确定激发波长(如 400 nm)，在波长为 480～580 nm 内扫描荧光光谱，从获得的溶液的荧光光谱中，确定最大发射波长 $\lambda_{em}=520$ nm；再固定 $\lambda_{em}=520$ nm，在波长为 400～500 nm 内扫描荧光激发光谱，从获得的荧光激发光谱中，确定最大激发波长 $\lambda_{ex}=465$ nm。

2. 样品检测

在 5 个 25 mL 容量瓶中，用 2 mL 吸量管分别加入 10.0 μg/mL 维生素 B_2 标准溶液 0.40、0.80、1.20、1.60、2.00 mL，用 1% 醋酸水溶液稀释至刻度，摇匀。将激发波长固定在 465 nm，发射波长固定在 520 nm，测量系列标准溶液的荧光强度。

3. 维生素 B_2 片剂中维生素 B_2 含量的测定

取 2 片维生素 B_2 片剂于小烧杯中，加入少量 1% 醋酸水溶液，用平头玻璃棒轻轻压碎，搅拌使其溶解。转移至 1 000 mL 容量瓶中，在 1% 醋酸水溶液中稀释至刻度，摇匀。静止片刻，吸取上述溶液 1.00 mL(平行 2～3 份)于 25 mL 容量瓶中，用 1% 醋酸水溶液定容。在与系列标准溶液相同的测量条件下测量各试液的荧光强度。

五、数据记录和处理

(1)从测绘的维生素 B_2 的激发光谱和发射光谱上，确定它的最大激发波长 λ_{ex} 和最大发射波长 λ_{em}。

(2)用方格坐标纸或在 Excel、Origin 等作图软件上绘制维生素 B_2 的标准曲线，并从标准曲线上确定样品溶液中维生素 B_2 的浓度(μg/mL)，最后计算出维生素 B_2 片剂中维生素 B_2 的含量(mg/片)，并将测定值与药品说明书上的标示量做比较。

六、注意事项

(1)测量时，一定要按照浓度从低到高的顺序进行。

(2)样品进入光路后，要立即测定其荧光强度，否则维生素 B_2 见光分解，测定结果将变小。

七、思考题

(1)试分析荧光分光光度法较吸收光度法灵敏度高的原因。

(2)可以采取哪些操作来减小本实验的误差?

(3)本实验为何要采用1%的醋酸溶液来配制维生素 B_2 溶液?

2.3 校企合作实验

实验八 分光光度法测定总糖含量

一、实验目的

(1)了解分光光度计的结构,掌握其工作原理和使用方法。

(2)掌握分光光度计测定总糖含量的基本原理和方法。

二、实验原理

样品中的糖在酸性条件下加热水解成还原糖,还原糖与DNS试剂发生氧化还原反应生成3—氨基—5—硝基水杨酸,该产物在碱性条件下呈棕红色,在波长550 nm处有最大吸收峰。在一定浓度范围内还原糖含量与吸光度成正比,根据朗伯—比尔定律,可对其进行定量分析。

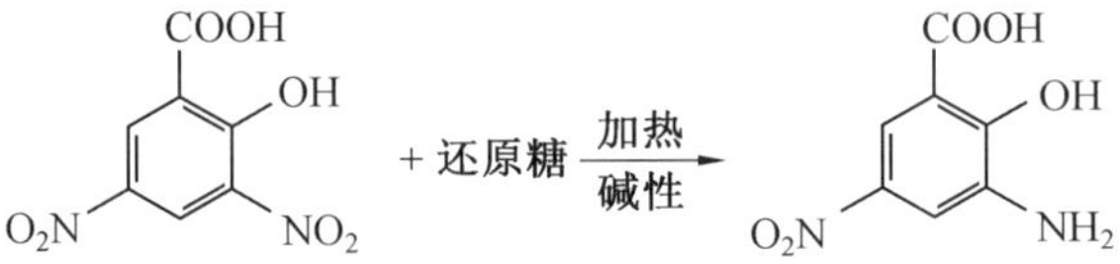

由于多糖水解为单糖时,每断裂一个糖苷键就需加入一分子水,所以在计算多糖含量时应乘以系数0.9。

DNS试剂需要在暗处保存一周后使用,其理论依据主要基于以下三方面原因。

1.化学反应稳定性

DNS试剂包含多种成分(如3,5—二硝基水杨酸、NaOH、Na_2SO_3 等),配制后需要时间到达化学平衡。例如,Na_2SO_3 在空气中会缓慢氧化成 Na_2SO_4,而NaOH可能吸收 CO_2 导致碱性减弱,这些反应需要约一周达到稳定状态。若未充分反应即使用,试剂的显色能力会受影响,导致实验结果出现偏差。

2.光敏性保护

DNS试剂中的3,5—二硝基水杨酸含有羟基结构,在光照下易发生氧化或分解反应,生成酮基等副产物,导致显色能力下降甚至失效。因此,必须避光保存(如使用棕色瓶或暗处存放),以维持试剂的化学稳定性。

3.实验准确性保障

试剂放置一周后,各成分充分混合并形成稳定的络合物,确保与还原糖反应时显色效果一致。例如,DNS法测定还原糖需与标准葡萄糖曲线比对,若试剂未稳定,显色强度可能波动，影响定量分析的准确性。

三、实验仪器与试剂

1. 仪器

723 型分光光度计(配 1 cm 比色皿)。

2. 试剂

3,5－二硝基水杨酸(AR)、NaOH(AR)、酒石酸钾钠(AR)、结晶酚(AR)、无水 Na_2SO_3(AR)、蔗糖(99.7%)、葡萄糖(≥99.5%)、浓 HCl(36%)。

(1)3 mol/L NaOH 溶液。准确称取 120 g NaOH 于 250 mL 烧杯中，用去离子水溶解并转移至 1 L 容量瓶中，定容至刻度后转移至试剂瓶中。

(2)3 mol/L HCl 溶液。量取 250 mL 分析纯 12 mol/L 浓 HCl 溶液于 1 L 容量瓶中，用去离子水定容至刻度线。

(3)DNS 试剂。

①NaOH 溶液。称取 16 g NaOH 于 250 mL 烧杯中，加约 150 mL 去离子水溶解。

②酒石酸钾钠溶液。称取 130 g 酒石酸钾钠于 500 mL 烧杯中，加约 200 mL 60～80 ℃的热水溶解(热水有助于酒石酸钾钠的溶解)。

③称取 5.0 g 3,5－二硝基水杨酸于 500 mL 烧杯中，将之置于 70～80 ℃水浴中(若不加热，后续可能形成不溶絮状物)，缓慢将①中的 NaOH 溶液全部倒入其中，搅拌溶解，再将②中的酒石酸钾钠溶液缓慢加入其中，搅拌，待完全溶解后，放于凉水中冷却至室温。

④称 5.0 g 结晶苯酚和 5.0 g Na_2SO_3 于 1 L 容量瓶中，加 100 mL 去离子水溶解；将①中的溶液转移至④中，用去离子水定容到刻度，摇匀后移至棕色试剂瓶中，暗处保存放置一周后使用(保质期 20 d)。

(4)体积比为 1.25∶1 的 NaOH 和 DNS 溶液。用 250 mL 量筒分别量取 250 mL 3 mol/L NaOH溶液和 200 mL DNS 溶液，倒入 500 mL 棕色试剂瓶中，摇匀，得到体积比为 1.25∶1 的 NaOH 和 DNS 溶液。

(5)葡萄糖储备液(20 g/L)。准确称取 2.00 g 已烘干葡萄糖样品(105 ℃恒温烘干 2 h)于 100 mL 容量瓶中，加去离子水溶解后定容，制得 20 g/L 葡萄糖储备液。

四、实验步骤

1. 标样测试及标准曲线绘制

按表 2.3 分别量取相应体积的葡萄糖储备液于 100 mL 容量瓶中，加去离子水定容至刻度线，制得葡萄糖标准溶液。

表 2.3　葡萄糖标准溶液的配制

葡萄糖储备液(20 g/L)体积/mL	定容体积/mL	标准溶液浓度/($g \cdot L^{-1}$)
1	100	0.2
2	100	0.4
3	100	0.6
4	100	0.8
5	100	1.0

取葡萄糖标准溶液 1 mL 于 25 mL 刻度比色管中，按表 2.4 进行操作，以 1 mL 水代替标准溶液作为空白对照。

表 2.4　标样和样品显色程序

实验步骤	体积/mL	时间/min
1. 取标准溶液或待测样品稀释液	1	
2. 加 HCl(3 mol/L)	2	
3. 沸水浴水解		10
4. 加 1.25∶1 的 NaOH 和 DNS 混合液	4.5	
5. 沸水浴显色		5
6. 冷却后加去离子水	2.5	
7. 测定波长 550 nm 处吸光度		

2. 样品预处理和测定

发酵液 4 000 r/min 离心 5 min。取上清液稀释一定倍数至稀释总糖浓度为标准曲线线性范围 0.2～0.8 g/L 后(稀释 101 倍:用 0.2 mL 移液枪吸取上清液 0.1 mL,用移液器加 10 mL 去离子水,混匀)进行显色测定。红维素不同周期样品参考表 2.5 稀释。按照表 2.4 样品检测实验步骤，测定吸光度 A。

表 2.5　样品稀释倍数

样品	稀释倍数
红维素发酵液	101
无菌液糖	称 1 g 去离子水定容至 1 L

注:移取样品使用移液枪,加水定容使用移液管。

3. 计算公式

根据总糖标准曲线、稀释倍数计算出样品中总糖浓度，计算公式如下：

$$c_{总糖} = (k \times A_i + b) \times 稀释倍数$$

式中　A_i——吸光度；

k、b——标准曲线常量；

$c_{总糖}$——样品中总糖浓度，g/L。

五、注意事项

(1)HCl 的作用是在沸水浴条件下，将多糖水解成单糖，单糖可与 DNS 发生显色反应；NaOH 则为体系提供碱性环境；DNS 则与还原糖发生氧化还原反应，在碱性条件下显色。

(2)确定稀释倍数，根据提供的理论浓度，按照上述样品稀释方法稀释。

(3)水解过程与衍生过程进行水浴时，需盖盖子。

(4)配置后的 DNS 试剂需常温避光放置一周后使用。

(5)体积比为 1.25∶1 的 NaOH 和 DNS 溶液的作用：NaOH 的作用是中和前一步加入的酸，为后续反应提供碱性条件，NaOH 和 DNS 加入的体积需要准确，NaOH 比例过多或过少都会影响检测结果，若 NaOH 加入量增加 10%，测得总糖浓度增加 35%。

六、思考题

(1)DNS 试剂为何需要避光保存一周后才能使用？请结合其成分和化学反应特性，说明未充分稳定的 DNS 试剂可能对实验结果产生哪些影响？

(2)假设某样品稀释 101 倍后测得的吸光度为 0.45，标准曲线方程为 $A=0.65c+0.02$(c 单位为 g/L)。请计算该样品的总糖浓度(g/L)，并说明为何在计算多糖浓度时需要乘以系数 0.9。

实验九　紫外分光光度法测定磷酸酯总酯含量

一、实验目的

(1)熟悉分光光度计的基本操作。

(2)掌握分光光度计测定磷酸酯总酯的方法。

二、实验原理

维生素 C(以下简称 Vc)又称 L—抗坏血酸，是人和动物所必需的一种维生素，分子式为 $C_6H_8O_6$，相对分子质量为 176.12，存在于新鲜的蔬菜和水果中。其结构简式如下：

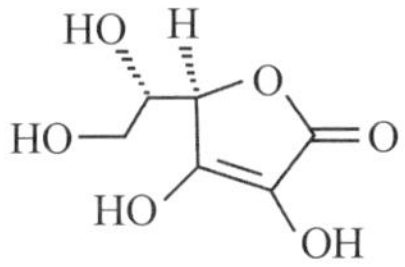

Vc 通常为白色结晶或结晶状粉末，无臭，味酸，易溶于水，具有很强的还原性。它参与机体复杂的代谢过程，能促进机体生长和增强机体抵抗力，可用作营养增补剂、抗氧化剂，也可用作小麦粉改良剂，目前广泛应用于医药、食品、化妆品及动物养殖等领域。

但 Vc 中的烯醇式羟基的氢易于解离，易被空气和其他的氧化剂氧化破坏，并很快进行不可逆分解反应而丧失 Vc 的还原能力。如果将其中任一羟基无机酸酯化，则会使 Vc 对热、酸、氧的稳定性大大增强。

L—抗坏血酸—2—磷酸酯盐是一种 Vc 的衍生物，其性状表现为白色或微黄色的粉末，无臭、无味；在光、热和空气中较稳定。L—抗坏血酸—2—磷酸酯盐具有良好的对环境的稳定性，由于生物体内普遍磷酸酯酶的水平很高，所以 L—抗坏血酸—2—磷酸酯盐生物效价理想。

在 pH=10 的条件下，L—抗坏血酸—2—磷酸酯在波长 263 nm 处有最大吸收，且符合朗伯—比尔定律。据此可测出试样溶液的吸光度，以摩尔吸光系数(ε)计算其含量。

三、实验仪器与试剂

1. 仪器

TU—1901 型紫外—可见分光光度计、超声波清洗器。

2. 试剂

碳酸钠(AR)、盐酸(AR)、去离子水。

(1)0.1 mol/L 碳酸钠溶液。称取 10.6 g 碳酸钠固体于 1 L 容量瓶中，加去离子水溶解并定容至刻度，摇匀。

(2)0.01 mol/L 碳酸钠溶液(pH=10)。称取 1.06 g 碳酸钠固体于 1 L 容量瓶中，加去离子水溶解并定容至刻度，摇匀，用 1 mol/L 盐酸溶液调节 pH=10。摇匀后，先用移液枪移取 3.5 mL 1 mol/L 盐酸溶液粗调，后用滴管逐滴滴加 2 滴(约 0.1 mL)进行细调。

(3)0.1 mol/L 盐酸溶液。用 10 mL 移液管准确移取 9.0 mL 浓盐酸(约 12 mol/L)于 1 L 容量瓶中，用去离子水定容至刻度，摇匀。

(4)1.0 mol/L 盐酸溶液。用 1 L 量筒量取 910 mL 去离子水于 1 L 烧杯中，用 100 mL量筒量取 90 mL 浓盐酸，将其沿烧杯壁缓慢加入水中，混匀后转移到试剂瓶中保存。

四、实验步骤

减量法称取试样约 0.3 g(精确至 0.000 1 g)，置于 250 mL 棕色容量瓶中，用量筒量取 50 mL 0.1mol/L 盐酸溶液在超声水浴中超声 10 min(确保样品已充分溶解)，冷却后，用 0.1 mol/L 碳酸钠溶液定容摇匀，放置 5 min。

用 1 mL 移液管精确吸取 1.0 mL 上述试液置于 100 mL 容量瓶中，用 0.01 mol/L 碳酸钠溶液稀释至刻度，摇匀。放置 20 min 后(磷酸酯样品中含有 Vc 残留，Vc 在波长 263 nm处同样有吸收，放置 20 min 是为了使 Vc 在碱性溶液中被破坏完全)，将试液置于 1 cm石英比色皿中，以 0.01 mol/L 碳酸钠溶液为空白液，用紫外—可见分光光度计于波长 263 nm 处测定吸光度。

五、实验数据处理

试样中 L—抗坏血酸—2—磷酸酯含量(以 Vc 计)w_1 以质量分数(%)表示，可按下式计算：

$$w_1=\frac{A\times 100\times 0.25\times M}{16\ 000\times b\times m}\times 100\%$$

式中　A——试样溶液吸光度；

m——试样的质量，g；

100——样品溶液第二次稀释倍数；

0.25——样品溶液第一次定容体积，L；

M——Vc 的摩尔质量，$M=176.12$ g/mol；

16 000——L－抗坏血酸－2－磷酸酯的摩尔吸光系数(ε)，L/(moL・cm)；

b——比色皿厚度，cm。

六、注意事项

(1)容量瓶应保持干净，瓶口及瓶颈干燥，防止减量法称量时称量纸被水润湿导致称样量不准。

(2)称量时用减量法称量样品，在三次内调整称量瓶内样品质量，使其至所需质量范围内。

(3)向容量瓶内加入 50 mL 0.1 mol/L 盐酸时，确保样品在瓶颈无残留。

(4)使用仪器时，应以空白溶液提前 2～3 min 校正，防止仪器不稳定。

(5)用过的容量瓶应用玻璃清洗剂清洗，泡 3～5 min 清洗干净，备用。超声时水要没过容量瓶底部。

七、思考题

(1)实验中选择在波长 263 nm 处测定吸光度，且要求以 pH＝10 的碳酸钠溶液作为反应条件。请结合 L－抗坏血酸－2－磷酸酯的化学性质，解释为何需要这两个条件？若 pH 值偏离 10，可能对实验结果产生什么影响？

(2)在计算 L－抗坏血酸－2－磷酸酯含量时，公式中涉及“100”和“0.25”两个参数，分别代表样品溶液的第二次稀释倍数和第一次定容体积。请结合实验步骤说明这两个参数的具体来源，并解释为何最终结果需要以“质量分数(%)”而非直接浓度值表示？

实验十　考马斯亮蓝法测定蛋白质含量

一、实验目的

(1)了解考马斯亮蓝法测定蛋白质含量的原理。

(2)掌握考马斯亮蓝法测定蛋白质含量的方法。

二、实验原理

使用考马斯亮蓝 G250 测定蛋白质含量属于染料结合法的一种。考马斯亮蓝 G250 在游离状态下呈红色，在波长 488 nm 处有最大吸光度；与蛋白质结合后变为青色，蛋白质－染料复合物在波长595 nm处有最大吸光度。其吸光度与蛋白质含量成正比，因此可用于蛋白质的定量测定。蛋白质与考马斯亮蓝 G250 结合在 2 min 左右达到平衡，完成反应十分迅速；其结合物在室温下不够稳定，需要快速完成吸光度测定。

研究发现，染料主要是与蛋白质中的碱性氨基酸(特别是精氨酸)和芳香族氨基酸残基相结合。由于蛋白质—染料复合物具有很高的消光系数，因此大大提高了蛋白质测定的灵敏度(最低检出量为 1 μg)。

三、实验仪器与试剂

1. 仪器

TU—1901 型紫外—可见分光光度计、移液枪(0.2 mL、5 mL)。

2. 试剂

考马斯亮蓝 G250(AR)、牛血清蛋白(BSA)(99%)、磷酸(85%)、乙醇(AR)、去离子水。

(1)考马斯亮蓝 G250 溶液。称量 0.1 g 考马斯亮蓝 G250 于 1 L 容量瓶中，加 50 mL 95%乙醇超声溶解，加 100 mL 85%磷酸，最后用去离子水定容至刻度，摇匀备用。(转移至棕色试剂瓶内，常温保存，如产生沉淀，使用前需要过滤。)

(2)BSA 储备液(1 mg/mL)。准确称量 0.1 g BSA 标品于100 mL容量瓶中，加入少量去离子水超声溶解后，用去离子水定容至刻度，摇匀，转移至试剂瓶，4 ℃冷藏保存，有效期 14 d。

四、实验步骤

1. 标准曲线绘制

按表 2.6 取相应体积 BSA 储备液于 50 mL 容量瓶中，用去离子水定容至刻度，摇匀，制得不同浓度标准溶液(4 ℃保存，有效期 14 d)。分别在 200 μL 考马斯亮蓝 G250 溶液中加入 20 μL 不同浓度标准溶液，混匀放置 2 min 钟后，在波长 595 nm 处快速完成吸光度测定。用去离子水代替样品衍生后做空白对照。

表 2.6 标准曲线绘制

BSA 储备液取样体积/mL	定容体积/mL	BSA 标样浓度/(μg/mL)	取样体积/μL	考马斯亮蓝 G250 溶液体积/μL	吸光度
0	50	0	20	200	
1.0	50	19.156	20	200	
2.5	50	47.891	20	200	
5.0	50	95.781	20	200	
7.5	50	143.816	20	200	
10.0	50	191.562	20	200	

2. 样品测定

取 5 mL 发酵液置于离心管中，4 000 r/min 离心 5 min。根据样品蛋白质含量稀释相应的倍数(稀释至 19～200 μg/mL)后，按标准溶液衍生方法进行测定。

3. 蛋白质含量计算

$$c_{蛋白质} = (ABS_{595} - b)/a \times D \quad (\mu g/mL)$$

式中　a——标准曲线斜率的倒数；

b——蛋白质标准曲线常量；

D——样品稀释倍数。

五、注意事项

(1)此检测反应灵敏，衍生反应 2 min 后达到稳定，若时间延长，吸光度明显变化，衍生达到稳定后需快速完成吸光度测定。

(2)该方法主要干扰物质有去污剂、Triton X－100、十二烷基硫酸钠(SDS)等，供试品缓冲液呈强碱性时也会影响显色。

(3)BSA 常温不稳定，需在 4 ℃下冷藏保存。

(4)注意加样顺序，先加考马斯亮蓝 G250 溶液，后加 BSA。

(5)因为蛋白质－染料复合物易吸附在石英比色皿上，不易清洗，一般用便宜的玻璃比色皿替代石英比色皿；比色皿使用前需清洗干净，测试完后立即用乙醇浸泡清洗，除去显色剂。

六、思考题

(1)在考马斯亮蓝法中，染料与蛋白质结合后最大吸收波长从 488 nm 变为 595 nm。请结合蛋白质的结构特点(如氨基酸组成)和染料的作用机制，解释这一波长变化的原理。

(2)注意事项中强调“需先加考马斯亮蓝 G250 溶液，后加 BSA”。请结合试剂反应特性(如结合速率或稳定性)，分析此加样顺序对实验结果准确性的影响。若顺序颠倒，可能导致何种误差?

实验十一　分光光度法测定赖氨酸含量

一、实验目的

(1)掌握分光光度法测定赖氨酸含量的方法。

(2)了解赖氨酸与茚三酮的显色原理。

二、实验原理

赖氨酸是人体必需氨基酸，其含量是评价作物籽粒品质优劣的主要指标之一，常在选育优良品种时被采用。常规测定赖氨酸的方法有以下几种：

(1)样品经纸层析、薄层层析或电泳分离后，加茚三酮显色定量；

(2)样品经赖氨酸脱羟酶作用后，测定其产生的 CO_2 而定量；

(3)微生物法；

(4)分光光度法。

其中分光光度法是利用茚三酮与赖氨酸在一定酸度条件下形成有色配合物，并在波长 565 nm 处有最大吸收峰的特性测定样品中的赖氨酸。

三、实验仪器与试剂

1. 仪器

高速万能粉碎机、筛子(100 目)、分光光度计。

2. 试剂

玉米、石油醚、细石英砂、碳酸钠、茚三酮、氯化镉、乙二醇。

缓冲液：30.0 g 甲酸钠＋10 mL 88%甲酸＋60 mL 蒸馏水，溶解后用水定容到 100 mL。

四、实验步骤

玉米种子经粉碎机粉碎后，过筛，取粉放入广口瓶中，加入沸程 60～90 ℃的石油醚(淹过粉面)，浸泡 8 h 并不时搅动以脱脂。过滤后以石油醚淋洗沉淀若干次，弃去滤液。干粉晾在滤纸上，置阴凉处通风吹去石油醚，干粉置干燥器内备用。测定赖氨酸时，称取 25 mg 种子干粉，放入预先烘干的试管中，加入 300 mg 细石英砂(估计数)和 1 mL 2%碳酸钠溶液，以玻璃棒搅拌 2 min 后，将试管放入 80 ℃水浴中，保温显色 30 min，同时以水为对照。取出立即放入冷水浴中冷却 3 min，加入 0.5 mL 4%碳酸钠溶液和 2 mL 茚三酮(1 g 茚三酮＋1 g 氯化镉＋25 mL 缓冲液＋72 mL 乙二醇，混匀)溶液，在 80 ℃水浴中保温 30 min。取出后立即放入冷水浴中冷却 3 min，再加 5 mL 95%酒精，摇匀后以分光光度计于波长 550 nm 处测定吸光度。按下式计算赖氨酸含量：

$$c_{\text{赖氨酸}}=(G\times n\times 2)/m \quad (\mu g/mg\ 干重)$$

式中 G——标准曲线上查出的亮氨酸含量，μg/0.5 mL；

n——样品的稀释倍数；

m——样品质量，mg。

五、注意事项

(1)标准曲线以系列浓度的亮氨酸溶液各 5 mL 按上述流程加入 0.5%碳酸钠溶液和 2 mL茚三酮溶液及后续的步骤测定绘制。

(2)茚三酮溶液需提前一天配制，第二天使用，不可久放。

(3)恒温水浴上提取和显色时间应严格控制。

(4)样品应充分磨成细粉，称取时应精确到 0.1 mg。

六、思考题

(1)实验原理中提到赖氨酸与茚三酮的显色产物在波长 565 nm 处有最大吸收峰，但实际步骤中测定吸光度时使用的是 550 nm。请结合分光光度法的原理和实验条件(如试剂组成、显色环境等)，分析这一差异的可能原因，并讨论波长选择对实验结果的影响。

(2)实验步骤中要求对玉米样品进行脱脂处理(石油醚浸泡),并在显色反应中严格控制水浴温度和时间(80 ℃保温 30 min)。试说明这些操作的目的,若省略或操作不当(如脱脂不彻底、显色时间不足),可能对最终测定结果造成哪些干扰或误差?

(3)实验通过亮氨酸标准溶液绘制标准曲线来计算赖氨酸含量,而非直接使用赖氨酸标准品。请解释这种方法的合理性,并说明公式中“稀释倍数(n)”的具体含义。若实验中未正确稀释样品或标准曲线拟合不准确,可能对最终计算结果产生哪些影响?如何验证标准曲线的可靠性?

实验十二　分光光度法测定蒽酮比色法发酵液中残糖含量

一、实验目的

(1)了解蒽酮比色法测定残糖含量的原理。

(2)掌握分光光计测定发酵液中残糖含量的方法。

二、实验原理

单糖类遇浓硫酸时,脱水生成糠醛衍生物,后者可与蒽酮缩合成蓝绿色的化合物,在波长 620 nm 处有最大吸收峰。当糖含量在 20～200 mg/L 时,其在波长 620 nm 处吸光度与溶液中糖的含量成正比。

单糖反应机理如下：

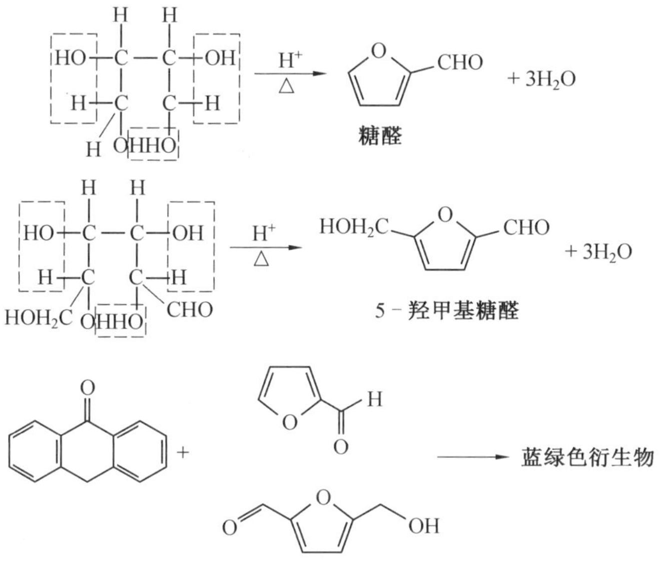

这一方法有很高的灵敏度,糖含量在 30 μg 左右就能进行测定,所以可作为微量测糖之用。一般样品少的情况下采用这一方法比较合适。

三、实验仪器与试剂

1. 仪器

分光光度计。

2. 试剂

山梨糖(98.0%)、蒽酮(AR)、硫酸(AR)、去离子水。

(1)2 mg/mL 山梨糖标样。准确称取 0.2 g 山梨糖于 100 mL 容量瓶中,用去离子水定容至刻度。(保质期 7 d。)

(2)0.2%蒽酮溶液。称取 0.2 g 蒽酮于 100 mL 容量瓶中,用 80%的硫酸溶液定容至刻度线,储存于棕色瓶中,常温下存放。(现用现配。)

(3)80%硫酸溶液。用 200 mL 量筒量取 132 mL 水于 1 L 烧杯中,用量筒量取 400 mL98%浓硫酸,将其沿烧杯壁缓慢加入水中,边加边搅拌,促进散热。(注意添加顺序:浓硫酸往水中添加,顺序不能反。)

四、实验步骤

1. 山梨糖标准曲线绘制

按表 2.7 用 200 μL 和 1 mL 移液枪分别移取相应体积的 2 mg/mL 山梨糖标样于 25 mL容量瓶中,用去离子水定容至刻度,摇匀。取 10 mL 比色,按表 2.8 取相应体积的标样和 0.2%蒽酮溶液,混匀,室温下放置 10 min。以去离子水代替标样或样品显色作为空白对照液。迅速测定在波长 620 nm 处的吸光度。以吸光度为横坐标,标样浓度为纵坐标作标准曲线。

表 2.7 山梨糖标准曲线绘制

加入 2 mg/mL 储备液体积/mL	定容体积/mL	标样浓度 /(mg・L^{-1})	吸光度 A
0.125	25	10.0	
0.375	25	30.0	
0.625	25	50.0	
0.875	25	70.0	
1.0	25	80.0	

表 2.8 标准曲线或样品衍生程序

实验步骤	体积/mL	时间/min
1.加入标准液或待测样品	1	
2.加入 0.2%蒽酮溶液	6	
3.常温静置		10
4.在波长 620 nm 处测定吸光度		

2. 样品预处理和测定

取 5 mL 发酵液于离心管中，以 4 000 r/min 离心 10 min，取上清液用去离子水稀释一定倍数至稀释液中糖浓度为标准曲线浓度线性范围（10～80 mg/L），稀释液按标样衍生程序显色测定。

3. 结果计算

计算公式：

$$c_{残糖}=(a\times A+b)\times D \quad (\mathrm{mg/L})$$

式中　A——测得的样品吸光度；

D——样品稀释倍数；

a——曲线斜率；

b——曲线截距。

五、注意事项

（1）蒽酮溶液不稳定，易被氧化成褐色，一般应当天配制，添加稳定剂硫脲后在冷暗处放置可保存 48 h。

（2）本实验要求样液必须澄清透明，如果样液色泽较深，则需增加稀释倍数。

（3）残糖检测的基本为终点放罐样品，测试浓度一般为 0.2～0.5 mg/L。

六、思考题

（1）在蒽酮比色法中，为什么选择 620 nm 作为测定吸光度的波长？若实验中改用其他波长（如 500 nm 或 700 nm）进行测定，可能会对结果产生什么影响？请结合显色络合物的特性说明原因。

（2）实验中要求绘制山梨糖标准曲线，且标样浓度需覆盖 10～80 mg/L 的范围。若实验中某标样浓度超出该范围（如 5 mg/L 或 100 mg/L），可能导致什么问题？结合标准曲线的应用场景，解释严格遵循浓度范围的重要性。

（3）假设某次实验中未及时配制蒽酮试剂（如使用放置超过 48 h 的试剂），或未对浑浊的发酵液进行充分离心处理，分别会对吸光度测定和最终计算结果产生什么影响？请从反应原理和实验操作角度分析。

实验十三　Vc—Na 相关产品消光值的测定

一、实验目的

（1）了解测定 Vc—Na 消光值的原理。

（2）掌握分光光度计测定消光值的方法。

二、实验原理

Vc 是人体重要的维生素之一，它影响胶原蛋白的形成，参与人体多种氧化还原反应，并且有解毒作用。人体不能自身制造 Vc，所以人体必须不断地从食物中摄入 Vc。人体缺乏 Vc 时会罹患坏血病，故又称抗坏血酸。它易溶于水，微溶于乙醇，不溶于氯仿或乙醚。Vc 分子中的二烯醇基具极强的还原性，性质活泼，易被氧化为二酮基而成为脱氢抗坏血酸。Vc 分子结构中有共轭双键，故在紫外光区有较强的吸收。

Vc 在稀盐酸溶液中吸收曲线比较稳定，在最大吸收波长处，其吸光度 A 的大小与 Vc 的浓度 c 的大小成正比，符合朗伯一比尔定律：

$$A=\varepsilon bc$$

式中 A——吸光度；

c——试样中 Vc 的浓度，mol/L；

b——吸收池厚度，cm；

ε——摩尔吸光系数，L/(mol・cm)。

若在最大吸收波长下，首先绘制出 Vc 在最大吸收波长下的标准曲线，然后在相同条件下测定出吸光度 A，由测得的吸光度 A 在标准曲线上查得 Vc 的浓度(mol/L)，换算为样品中 Vc 的含量。

三、实验仪器与试剂

1. 仪器

TU－1901 型紫外－可见分光光度计、1 cm 石英比色皿、4 号垂熔玻璃漏斗。

2. 试剂

冰醋酸(AR)、去离子水、重铬酸钾(AR)、硫酸(AR，95％～98％)。

铬酸洗液：取 1 个 2 L 烧杯，称 20.0 g 重铬酸钾于其中，量筒量取 200 mL 倒入烧杯中，搅拌，将重铬酸钾溶解。用 1 000 mL 量筒量取 800 mL 浓硫酸，缓慢加入重铬酸钾溶液中，加入的过程中不断搅拌散热。(注意试剂添加的正确方式为将浓硫酸慢慢加入重铬酸钾溶液中，不能加入太快，预防局部过热导到液体爆沸。)

四、实验步骤

1. 4 号垂熔玻璃漏斗清洗

4 号垂熔玻璃漏斗用铬酸洗液浸泡(大约 2 h)后，接于抽滤瓶上，连接水循环真空泵，用 80 ℃以上热水进行抽滤洗涤至洗液为中性(广泛试纸检测)，以备用。

2. 空白对照液制备

用清洗干净的 4 号垂熔玻璃漏斗抽滤用于溶解样品的去离子水约 80 mL 至干净的抽滤瓶中，作为空白对照液。

3. 溶液消光测定

称取供试品 3.0 g 置于 25 mL 比色管中，用移液管移取去离子水 15 mL，加冰醋酸两滴(约 0.1 g)(Vc 和 Vc－Na 样品不添加冰醋酸，Vc－Ga 样品需要添加冰醋酸)于比色管中，振摇使供试品完全溶解，用清洗干净的 4 号垂熔玻璃漏斗抽滤，滤液倒入 1 cm 比色皿，以抽滤过的去离子水为空白对照液，测定波长 420 nm 处的吸光度。

4. 烘烤消光测定

取供试品 3.0 g 置于洁净干燥的 50 mL 具塞试管中，拧紧试管塞（防止水汽进入），于沸水浴中加热 4 h 后冷却至室温。用移液管移取去离子水于其中，振荡使样品完全溶解后用清洗干净的 4 号垂熔玻璃漏斗抽滤，滤液倒入 1 cm 比色皿，以抽滤过的去离子水为空白对照液，测定波长 420 nm 处吸光度。

五、注意事项

(1)试管放入沸水浴前应拧紧试管塞，防止水浴加热过程样品中水蒸气进入试管而使样品被破坏，使烘烤消光值明显偏高。

(2)水浴要保持沸腾。

(3)配置好的样品溶液不可采用超声促溶（超声会影响澄清度）。

(4)铬酸中含有大量的浓硫酸，腐蚀性强，使用过程中应注意佩戴手套。

六、思考题

(1)结合文献或所学知识，解释为何选择 420 nm 波长测定 Vc－Na 相关产品的消光值？是否与 Vc 的结构或氧化产物的性质有关？

(2)实验步骤中要求使用沸水浴加热样品 4 h 后再测定吸光度（烘烤消光测定）。请结合 Vc 的化学性质，说明这一操作的目的。若缩短加热时间或未保持水浴沸腾，可能对实验结果造成哪些影响？

(3)试分析超声促溶可能对消光值测定产生何种干扰？若未彻底清洗 4 号垂熔玻璃漏斗或空白溶液未抽滤，会引入哪些实验误差？

实验十四　分光光度法测定还原糖含量

一、实验目的

(1)了解测定还原糖含量的原理。

(2)掌握分光光度计定量测定还原糖含量的方法。

二、实验原理

还原糖的测定是糖定量测定的基本方法。还原糖是指含有自由醛基或酮基的糖类，单糖都是还原糖，双糖和多糖不一定是还原糖，其中乳糖和麦芽糖是还原糖，蔗糖和淀粉是非还原糖。利用糖的溶解度不同，可将植物样品中的单糖、双糖和多糖分别提取出来，对没有还原性的双糖和多糖，可用酸水解法使其降解成有还原性的单糖进行测定，再分别求出样品中还原糖和总糖的含量（还原糖含量以葡萄糖含量计）。

样品中还原糖与 DNS 发生氧化还原反应生成 3－氨基－5－硝基水杨酸，该产物在碱性条件下显棕红色，在波长 550 nm 处有最大吸收峰。在一定浓度范围内还原糖含量与吸光度成正比，根据朗伯－比尔定律，可对其进行定量分析。由于多糖水解为单糖时，每断裂一个糖苷键需加入一分子水，所以在计算多糖含量时应乘以系数 0.9。

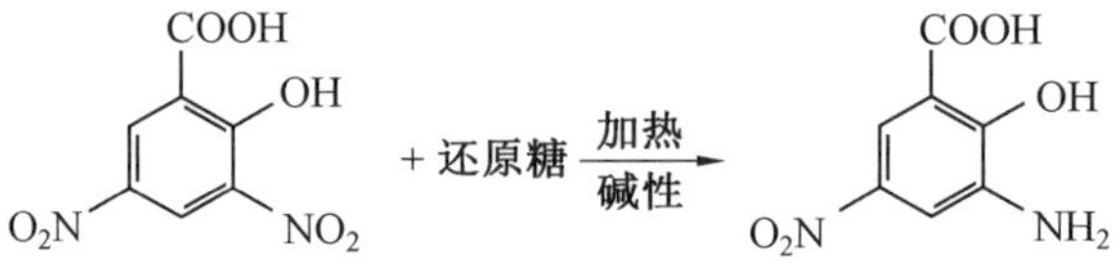

三、实验仪器与试剂

1. 仪器

TU－1901 型紫外－可见分光光度计。

2. 试剂

3，5－二硝基水杨酸（AR）、NaOH（AR）、酒石酸钾钠（AR）、结晶苯酚（AR）、无水亚硫酸钠（AR）、葡萄糖（99.5％）。

（1）DNS 试剂。

①NaOH 溶液。称取 16 g NaOH 于 250 mL 烧杯中，加约 150 mL 去离子水溶解。

②酒石酸钾钠溶液。称取 130 g 酒石酸钾钠于 500 mL 烧杯中，加约 200 mL 60～80 ℃的热水溶解（热水有助于酒石酸钾钠的溶解）。

③称取 5.0 g 3，5－二硝基水杨酸于 500 mL 烧杯中，将之置于 70～80 ℃水浴中（若不加热，后续可能形成不溶絮状物），缓慢将①中 NaOH 溶液全部倒入其中，搅拌溶解，再将②中酒石酸钾钠溶液缓慢加入其中，搅拌，待完全溶解后，放于凉水中冷却至室温。

④称取 5.0 g 结晶苯酚和 5.0 g 无水亚硫酸钠于 1 000 mL 容量瓶中，加 100 mL 去离子水溶解。将③中溶液转移至④中，用去离子水定容到刻度，摇匀后移至棕色试剂瓶中，暗处保存放置一周后使用。（保质期 20 d。）

（2）葡萄糖储备液（20 g/L）。

准确称取 2.0 g 葡萄糖标品于 100 mL 容量瓶中，加去离子水溶解后定容，制得 20 g/L葡萄糖储备液。

（3）葡萄糖标准溶液。

按表 2.9 中数据，分别量取相应体积葡萄糖储备液于 25 mL 容量瓶中，加去离子水定容至刻度线，制得葡萄糖标准溶液。

表 2.9　葡萄糖标准溶液的配制

葡萄糖储备液（20 g/L）体积/mL	定容体积/mL	标准溶液浓度/（g·L^{-1}）
0.25	25	0.2
0.5	25	0.4
0.75	25	0.6
1.0	25	0.8
1.25	25	1.0

四、实验步骤

1. 标样和样品衍生程序

按表 2.10 所示，取葡萄糖标准溶液或样品 1.0 mL 于 20 mL 刻度比色管中，加入 2.0 mL DNS 试剂混匀后在沸水浴中显色 5 min，用去离子水定容至 10.0 mL 后在 550 nm波长处测定吸光度。以1 mL水代替标液作为空白对照液。

表 2.10　标样和样品衍生程序

实验步骤	体积/mL	时间/min
1. 取标准溶液或待测样品	1.0	
2. 加 DNS 试剂	2.0	
3. 沸水浴中显色		5
4. 用去离子水定容至 10 mL	10.0	
5. 在波长 550 nm 处测定吸光度		

2. 标准曲线绘制

于波长 550 nm 处测量葡萄糖标准溶液并将吸光度填入表 2.11 中。以吸光度为横坐标，标样浓度(g/L)为纵坐标绘制标准曲线。

表 2.11　葡萄糖标准曲线数据

标样浓度/($g \cdot L^{-1}$)	吸光度 A
0.2	
0.4	
0.6	
0.8	
1.0	

3. 样品预处理与测定

取 5 mL 发酵液，4 000 r/min 离心 5 min，取上清液稀释一定倍数至稀释液中糖浓度为标准曲线浓度线性范围(0.2～0.8 g/L)后进行显色测定。蔗糖和麦芽糖培养基稀释倍数参考表 2.12 和表 2.13。

表 2.12　蔗糖培养基稀释倍数

发酵时间	取样体积/mL	定容体积/mL
0～10 h	1.0	10
10 h 之后	0.5	10

表 2.13　麦芽糖培养基稀释倍数

发酵时间	取样体积/mL	定容体积/mL
全部时间段	0.2	10

注：玉米浆一般稀释倍数为 100 倍，即每克玉米浆加水稀释至 100 mL。

4.结果计算

计算公式如下：

$$c_{\text{还原糖}}=(a\times A+b)\times D\quad(\text{g/L})$$

式中　A——测得的样品吸光度；

D——稀释倍数；

a、b——标准曲线的两个常量。

五、注意事项

(1)结晶苯酚易挥发且味道较大，有一定毒性，称量和配制过程在通风橱中进行，操作人员戴好防毒面罩。

(2)加入样品时注意防止样品粘在试管壁上，以免影响测定结果的准确度。

(3)样品加完试剂煮沸显色并冷却后检测吸光度，以免检测结果不准确。

六、思考题

(1)在分光光度法中，DNS 试剂与还原糖反应生成的产物在波长 550 nm 处有最大吸收值。请结合朗伯－比尔定律，解释为什么需要通过标准曲线法来定量还原糖浓度？若某次实验中标准曲线的回归方程为 $y=0.45x+0.02$，某稀释后样品的吸光度为 0.32，稀释倍数为 50 倍，试计算原始样品中还原糖的浓度(g/L)。

(2)实验步骤中要求将发酵液稀释至“标准曲线浓度线性范围(0.2～0.8 g/L)”后再进行测定。

①若某样品的实际糖浓度为 3.5 g/L，需稀释多少倍才能满足线性范围？

②若未按规范稀释(如直接使用未稀释的样品)，可能导致哪些问题？请从吸光度测量和计算结果两方面说明。

(3)DNS 试剂为何需要暗处保存？若提前使用未充分反应的 DNS 试剂，可能对实验结果产生什么影响？

实验十五　分光光度法测定叶红素铵根含量

一、实验目的

(1)了解测定叶红素铵根含量的原理。

(2)掌握分光光度计测定叶红素铵根含量的方法。

二、实验原理

铵离子在碱性介质——硝普钠催化剂的作用下，与水杨酸、次氯酸钠反应生成蓝绿色的靛酚蓝化合物，用紫外一可见分光光度计在波长 697.5 nm 处测量其吸光度，根据朗伯一比尔定律，进行定量分析。

反应机理如下：

分步反应：

$$NH_4^+ + ClO^- \longrightarrow NH_2Cl + H_2O$$

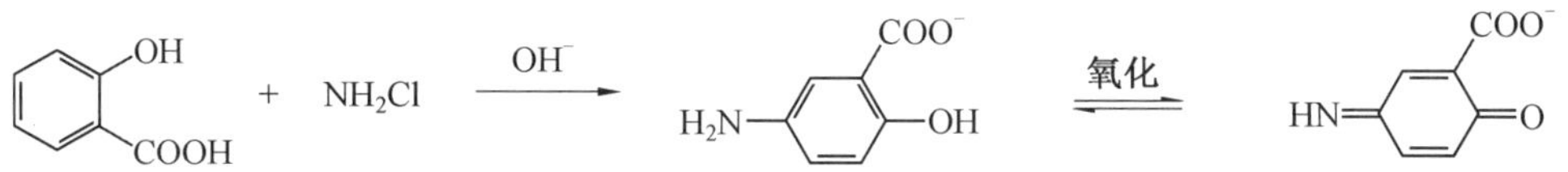

2-羧基-1,4醌亚胺

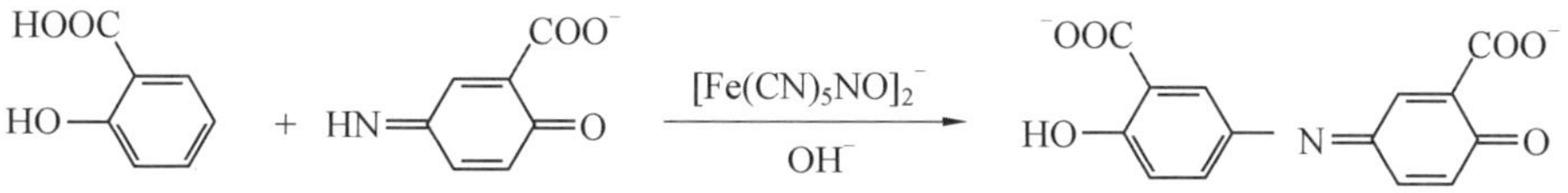

一步反应：

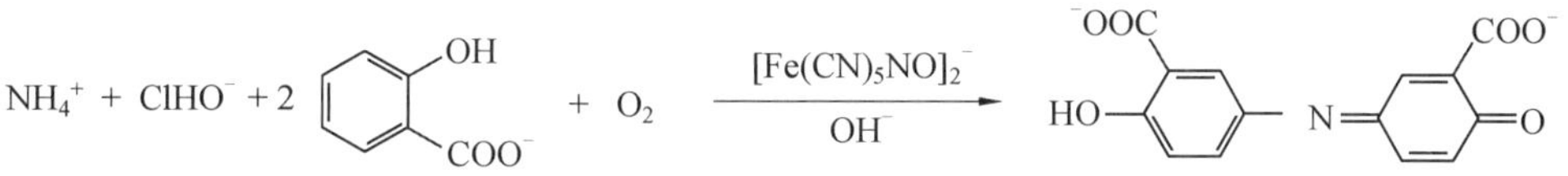

三、实验仪器与试剂

1. 仪器

电子分析天平、移液枪（1 mL、5 mL）、TU－1901 型紫外一可见分光光度计。

2. 试剂

水杨酸（AR）、硝普钠（AR）、NaOH（AR）、次氯酸钠（AR）、硫酸铵（AR）、去离子水。

（1）NaOH 溶液（2 mol/L）。称取 80.0 g NaOH 固体于小烧杯中，加入去离子水溶解，转移至 1 000 mL 容量瓶中，加去离子水定容至刻度，摇匀备用。

（2）水杨酸溶液（5.0 g/L）。称取 0.5 g 水杨酸、0.5 g 柠檬酸钠于 100 mL 容量瓶中，加 2.75 mL 2 moL/L NaOH 溶液，再加去离子水定容至刻度，摇匀。（此试剂稍有黄色，室温下可稳定 1 个月。）

（3）硝普钠溶液（1.0 g/L）。称取 0.1 g 硝普钠于 100 mL 容量瓶中，加入去离子水定容至刻度，摇匀备用。（冰箱冷藏 1 个月内稳定。）

（4）次氯酸钠溶液。取 2 mL 次氯酸钠试剂原液于 500 mL 容量瓶中，加 50 mL 2 moL/L NaOH 溶液稀释，再加去离子水定容至刻度，摇匀备用。（4 ℃冰箱冷藏可保存两个月，避光保存。）

（5）铵根标准储备液（1 g/L）。称取经 105 ℃干燥 1 h 的 0.387 8 g 硫酸铵固体于 100 mL容量瓶中，用去离子水溶解并定容至刻度，摇匀备用。（冰箱冷藏保存 1 个月。）

（6）标准溶液（mg/L）。准确称取 0.2、0.4、0.6、0.8、1.0 mL 铵根标准储备液于

100 mL容量瓶中，加去离子水定容，摇匀，制得铵根线性标准溶液(表 2.14)。(冰箱冷藏保存 1 个月。)

表 2.14 铵根标准溶液配制

取铵根储备液体积/mL	定容体积/mL	铵根浓度/($mg \cdot L^{-1}$)
0.2	100	2
0.4	100	4
0.6	100	6
0.8	100	8
1.0	100	10

四、实验步骤

1. 标准曲线绘制

取 6 支 25 mL 试管，分别在标样中加入各衍生试剂(表 2.15)，摇匀，室温静置 1 h，显色。用紫外一可见分光光度计在波长 697.5 nm 处测量其吸光度。以吸光度为横坐标，铵根浓度为纵坐标绘制标准曲线。

表 2.15 铵根标样实验步骤

标准溶液浓度/($mg \cdot L^{-1}$)	标准溶液体积/mL	去离子水体积/mL	次氯酸钠溶液体积/mL	水杨酸体积/mL	硝普钠溶液体积/mL
2	1	7	1	1	1
4	1	7	1	1	1
6	1	7	1	1	1
8	1	7	1	1	1
10	1	7	1	1	1
	1(水)	7	1	1	1

2. 样品测试

(1)发酵液离心(16 000 r/min，5 min)，取上清液冷冻储存。根据样品中铵根含量和测试吸光度在 0.2～0.8 之间的原则，取上清液稀释 200 倍(取 0.5 mL 上清液至 100 mL 容量瓶中，加去离子水定容)。取稀释液 1 mL，加入 7 mL 去离子水，再加入 1 mL 次氯酸钠溶液、1 mL水杨酸溶液、1 mL 硝普钠溶液，摇匀，室温静置 1 h，在波长 697.5 nm 处测试，读取吸光度。

(2)验证样。取灭活后的发酵液(冷藏，已测定铵根浓度)，操作同(1)中所述，每一次测定浓度与以往测定浓度对比，以验证本次数据的准确性。

3. 计算公式

根据铵根标准曲线、稀释倍数，计算出发酵液中铵根浓度，计算公式如下：

$$c_{(NH_4^+)}=(a\times A+b)\times D\quad (mg/L)$$

式中　A——测得的样品吸光度；

D——样品稀释倍数；

a——曲线斜率；

b——曲线截距。

五、注意事项

(1)试剂添加顺序：次氯酸钠溶液→水杨酸溶液→硝普钠溶液，每个被测样品添加试剂的时间间隔必须低于 5 min；显色时间为 1 h。

(2)柠檬酸钠为掩蔽剂，与常见的钙离子、镁离子、三价铁离子、锰离子等阳离子络合，消除干扰，这些离子 2 μg 以上对苯胺有干扰。

(3)NaOH 提供碱性环境，使水杨酸溶液变为碱性，最佳显色 pH≈12；次氯酸钠在碱性环境中比较稳定，次氯酸钠溶液严格按照标准配制添加(次氯酸钠溶液的加入量会影响显色)，并且要避光保存。

(4)水杨酸代替苯酚做显色剂，可克服因酚不易保存、易氧化，具有腐蚀性、毒性等缺点。水杨酸靛酚蓝法对温度要求低，显色稳定，并且灵敏度、准确度较高。

(5)称量氯化铵时，105 ℃烘干，两次干燥后的质量差在 0.2 mg 以下，称量时速度要快，避免吸水，否则很容易造成标准储备液的误差，影响测量结果。

(6)每次测样前，需要先选择一个标样点(8 mg/L)试验，加入试液看是否显色正常，试液全部加入后摇匀，直接在波长 697.5 nm 处进行扫描，时间 10 min，观察吸光度变化。若数值接近，则正常测样即可；不显色或显色较弱，分析原因后重测。

(7)所有试剂添加完毕后，要摇匀后放置在相同条件下，以免条件不同影响显色。显色时间不能低于 1 h。

六、思考题

(1)在靛酚蓝显色反应中，硝普钠作为催化剂的作用是什么？如果实验中未添加硝普钠，可能会对显色效果和吸光度测定产生哪些影响？请结合反应机理说明。

(2)试剂添加顺序明确要求为“次氯酸钠溶液→水杨酸溶液→硝普钠溶液”，且时间间隔需控制在 5 min 以内。如果操作时顺序颠倒或间隔时间过长，可能引发哪些问题？请从反应条件和试剂稳定性角度分析原因。

(3)某次实验中，标准曲线拟合得到的斜率 a 显著低于预期，而截距 b 接近零。试分析可能导致这一现象的三种原因(如试剂配制、显色条件或仪器操作等)，并提出相应的解决方案。

实验十六　分光光度法测定水中硫酸盐含量

一、实验目的

(1)了解测定硫酸盐含量的原理。

(2)掌握分光光度法测定硫酸盐含量的方法。

(3)学习标准曲线法的定量分析方法。

(4)理解硫酸盐污染的环境意义及检测必要性。

二、实验原理

样品溶液中微量的硫酸根与氯化钡反应生成硫酸钡沉淀,溶液由澄清变浑浊。根据朗伯一比尔定律,浊度(波长 450 nm 处吸光度)与样品溶液中硫酸根含量成正比,因此可通过比浊法测定样品中硫酸盐含量。

$$SO_4^{2-} + Ba^{2+} \xlongequal{} BaSO_4 \downarrow$$

三、实验仪器与试剂

1. 仪器

TU－1901 型紫外－可见分光光度计。

2. 试剂

二水氯化钡(AR)、盐酸(AR)、甘油(AR)、乙醇(AR)、硫酸钾(AR)。

(1)1 mol/L 盐酸。用 100 mL 量筒量取 83 mL 浓盐酸(约为 12 mol/L),缓慢倒入含有 3/4 去离子水的 1 L 容量瓶内,放凉后,用水定容至刻线。

(2)1∶2(体积比)甘油－乙醇。用 1 L 量筒量取 500 mL 甘油和 1 000 mL 乙醇,于试剂瓶内混匀。

(3)硫酸盐标准溶液(0.1 g/L)。称取 0.181 g 于 105 ℃烘干至恒重的硫酸钾于 1 L 容量瓶内,加去离子水溶解定容至刻度,摇匀。

四、实验步骤

1. 标准曲线绘制

按表 2.16 中数据移取相应体积 0.1 g/L 硫酸盐标准储备液,分别置于 6 个 50 mL 的容量瓶中。

表 2.16　标准曲线绘制

0.1 g/L 硫酸盐储备液体积/mL	1 mol/L 盐酸体积/mL	1∶2 甘油－乙醇体积/mL	对应硫酸盐质量/mg
0	3	5	0
2.5	3	5	0.25
5.0	3	5	0.5
7.5	3	5	0.75
10.0	3	5	1.0
15.0	3	5	1.5

用移液管向每个容量瓶中分别加入 3 mL 1 mol/L 的盐酸和 1∶2(体积比)的甘油一乙醇5 mL,用水稀释至刻度并摇匀。

将容量瓶中的溶液倒入盛有 0.3 g 二水氯化钡的干燥锥形瓶中,手持锥形瓶以 2 r/s 的速度摇匀 2 min,在室温下静止 10 min。

用空白对照液调零,测定溶液在波长 450 nm 处的吸光度。以硫酸盐含量(mg/L)为横坐标,对应的吸光度为纵坐标绘制标准曲线。

2. 样品测定

空白对照液:不加试样,采用与试样完全相同的分析步骤。

样品溶液:

(1)称量。将干燥的蒸发皿放在天平上清零,用吸管吸取约 0.8 g 混匀后的样品于蒸发皿上,准确称量,精确至 0.000 1 g。

(2)赶酸。将样品放在 100 ℃的水浴锅上加热赶酸,直至样品中盐酸全部挥发除尽。

(3)转移。移液管移取 3 mL 1 mol/L 的盐酸溶液于蒸发皿中,依据少量多次原则将蒸发皿中的硫酸盐用去离子水清洗并转移至 50 mL 容量瓶中,用移液管分别加入 3 mL 1 mol/L的盐酸和 5 mL 1∶2 的甘油一乙醇,用水稀释至刻度并摇匀。

(4)测定。将容量瓶中的溶液倒入盛有 0.3 g 二水氯化钡的干燥的锥形瓶中,手持锥形瓶以 2 r/s 的速度摇匀 2 min,室温下静止 10 min(2 min、10 min 要准确计时)。用空白对照液调零,测定溶液在波长 450 nm 处的吸光度。

3. 计算公式

根据硫酸盐标准曲线,计算样品中硫酸盐含量,计算公式如下:

$$w=\frac{a\times A+b}{m\times 1\ 000}\times 100\%$$

式中　a——标准曲线斜率;

b——标准曲线截距;

A——样品吸光度;

m——称取样品的质量,g;

1 000——g 与 mg 的换算系数。

五、注意事项

(1)样品溶液摇匀 2 min 和静置 10 min 时要用计时器准确计时。

(2)测定样品溶液吸光度时,要在 10 min 内测完,超出 10 min 后样品溶液不稳定。

六、思考题

(1)硫酸钡比浊法的显色原理是什么?为何选择特定波长(如 420 nm 或 640 nm)进行吸光度测定?

(2)实验中需严格控制反应体系的酸度及钡离子浓度,原因是什么?若酸度过低或钡离子过量可能引起何种误差?

(3)硫酸钡比浊法中，悬浊液的稳定性对测定结果影响显著。实验中采取哪些措施保证浊度稳定？若立即测定与延迟测定结果差异较大，可能是什么原因？

实验十七　分光光度法测定镍含量

一、实验目的

(1)了解测定镍含量的原理。

(2)掌握分光光度法测定镍含量的方法。

二、实验原理

以过硫酸铵作为氧化剂将低价镍氧化为高价镍，以酒石酸钾钠掩蔽铜、铁、铝等干扰元素，在 NaOH 碱性介质中，用丁二酮肟与 Ni^{4+} 生成酒红色配合物。

$$Ni^{2+} + (NH_4)_2S_2O_8 = Ni(SO_4)_2 + (NH_4)_2SO_4$$

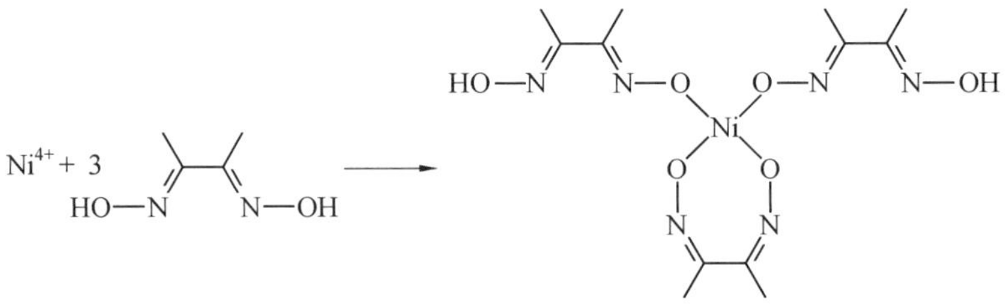

三、实验仪器与试剂

1. 仪器

TU－1901 型紫外－可见分光光度计。

2. 试剂

酒石酸钾钠(AR)、NaOH(AR)、过硫酸铵(AR)、丁二酮肟(AR)、镍标准溶液(1 000 mg/L)。

(1)酒石酸钾钠乙醇溶液：称取 20 g 酒石酸钾钠溶于 100 mL 容量瓶内，用乙醇溶解定容至 100 mL。

(2)NaOH 溶液：称取 5 g NaOH 于 100 mL 容量瓶内，用去离子水溶解定容至 100 mL。

(3)过硫酸铵溶液：称取 3 g 过硫酸铵于 100 mL 容量瓶内，用去离子水溶解定容至 100 mL。

(4)10 g/L 丁二酮肟：称取 1 g 丁二酮肟于 100 mL 容量瓶内，用乙醇溶解定容至 100 mL。

(5)0.01 mg/mL 的镍离子溶液：用 1 mL 移液枪向 100 mL 容量瓶内移取镍标准溶液(1 000 mg/L)1 mL，用去离子水定容至刻度，摇匀备用。

四、实验步骤

1. 标准曲线绘制

按表 2.17 中数据，用移液枪分别取表中溶液于 100 mL 容量瓶内，加去离子水定容至刻度，摇匀。显色 15～20 min，在波长 465 nm 处测其吸光度。

表 2.17　标准曲线绘制

镍离子溶液体积/mL	酒石酸钾钠乙醇溶液体积/mL	NaOH 溶液体积/mL	过硫酸铵溶液体积/mL	10 g/L 丁二酮肟溶液体积/mL
0	10	4	5	3
0.5	10	4	5	3
1.0	10	4	5	3
2.0	10	4	5	3
4.0	10	4	5	3
5.0	10	4	5	3

2. 样品测定

样品测试：用移液管移取 1 mL 的样品溶液置于 100 mL 容量瓶中，用移液枪按照表 2.18 加入以下溶液，用水定容至 100 mL，摇匀。显色 15～20 min，在波长 465 nm 处测其吸光度，同时做空白对照。

表 2.18　样品测试试剂比例

酒石酸钾钠乙醇溶液体积/mL	NaOH 溶液体积/mL	过硫酸铵溶液体积/mL	10 g/L 丁二酮肟溶液体积/mL
10.0	4	5	3
10.0	4	5	3
10.0	4	5	3
10.0	4	5	3
10.0	4	5	3
10.0	4	5	3

3. 计算公式

根据镍标准曲线，计算样品中镍浓度，计算公式如下：

$$c_{镍}=(a\times A+b)\times n \quad (\mathrm{mg/mL})$$

式中　a——标准曲线斜率；

b——标准曲线截距；

A——样品吸光度；

n——样品稀释倍数。

五、注意事项

样品测定与绘制标准曲线的显色时间保持一致。

六、思考题

(1)不同检测方法中测定波长存在差异(如 530、440、525 nm 等),试分析波长选择的依据及如何避免干扰因素的影响。

(2)标准曲线的绘制中,为何需严格控制显色时间与温度?如何验证标准曲线的有效性?

实验十八　分光光度法测定溶磷含量

一、实验目的

(1)了解测定溶磷含量的原理。

(2)掌握分光光度法测定溶磷含量的方法。

二、实验原理

酸性条件下,磷酸根与钼酸铵作用生成磷钼酸铵,经过 Fe^{2+} 作用后,高价钼被还原成低价钼,呈蓝色,用紫外—可见分光光度计在 660 nm 波长处测量其吸光度。根据朗伯—比尔定律,进行定量分析。反应式如下:

$$\text{有机 P} \xrightarrow{H_2SO_4 + HNO_3} H_3PO_4$$

$$H_3PO_4 + (NH_4)_6Mo_7O_{24} \cdot 4H_2O \xrightarrow{H^+} H_3[P(Mo_3O_{10})_4] \cdot nH_2O$$

$$H_3[P(Mo_3O_{10})_4] \cdot nH_2O \xrightarrow{Fe^{2+}} (Mo_2O_5 \cdot 4MoO_3)_2 \cdot HPO_4 \quad \text{(钼蓝)}$$

三、实验仪器与试剂

1. 仪器

TU—1901 型紫外—可见分光光度计、高速离心机。

2. 试剂

磷酸二氢钾(AR)、三氯乙酸(AR)、浓硫酸(AR)、钼酸铵(AR)、七水合硫酸亚铁(AR)。

(1)0.001 mol/L 磷酸二氢钾(310 mg/L 磷)。准确称量 0.136 1 g 无水磷酸二氢钾(相对分子质量为 136.09)于 1 000 mL 容量瓶中,用去离子水定容至刻度,摇匀,制得 0.001 mol/L磷酸二氢钾溶液,4 ℃冷藏放置。

(2)10%三氯乙酸溶液。称量 10.0 g 三氯乙酸于 100 mL 容量瓶中,用去离子水溶解定容,摇匀转至试剂瓶,常温放置。

(3)硫酸亚铁—钼酸铵溶液。

①5 mol/L 硫酸溶液:用 50 mL 量筒量取 27.8 mL 浓硫酸(密度 1.84 g/mL),沿烧杯壁缓慢加入 70 mL 去离子水中,边加入边搅拌(注意溶液添加正确方式为将浓硫酸慢慢加入水里,防止局部过热,不可以边加硫酸边冷水浴);冷却至室温后转至 100 mL 容量瓶中,用去离子水定容至刻度。

②硫酸—钼酸铵溶液:称量 10.0 g 钼酸铵于 100 mL 容量瓶中,加入 5 mol/L 硫酸溶液溶解定容至刻度。

③称量 7.14 g 七水合硫酸亚铁于 100 mL 容量瓶中,加入少量去离子水溶解,再用移液枪移取 14.29 mL 硫酸—钼酸铵溶液至容量瓶中,加入去离子水定容至刻度。(注:4 ℃冰箱可存放 1 个月,常温可存放 2 d 左右。使用前临时配制。)

四、实验步骤

1. 标准曲线绘制

按表 2.19 中数据加入表中试剂于试管中,混匀静置 2 min,在波长 660 nm 处测试读取吸光度,并以吸光度为横坐标,磷浓度为纵坐标绘制标准曲线。

表 2.19　标准曲线绘制

0.001 mol/L 磷酸氢二钠溶液体积/mL	去离子水体积/mL	10%三氧乙酸溶液体积/mL	硫酸亚铁—钼酸铵溶液体积/mL
0	5.8	0.2	4.0
1.0	4.8	0.2	4.0
1.6	4.2	0.2	4.0
2.0	3.8	0.2	4.0
3.0	2.8	0.2	4.0

2. 样品测定

按表 2.20 中数据对浓玉米浆和 20%玉米浆稀释后备用。

表 2.20　玉米浆稀释倍数

样品名称	稀释倍数
浓玉米浆	4 000
20%玉米浆	2 000

(1)样品测试。用 1 mL 移液枪移取稀释后的样品溶液 1 mL 于试管中,加入 4.8 mL 去离子水,0.2 mL10%三氧乙酸溶液和 4.0 mL 硫酸亚铁—钼酸铵溶液。混匀静置 2 min,在波长660 nm处测试吸光度。

(2)空白溶液。移取 5.8 mL 去离子水,0.2 mL 10%三氧乙酸溶液和 4.0 mL 硫酸亚铁—钼酸铵溶液。混匀静置 2 min,在波长 660 nm 处测试吸光度。

3.计算公式

根据溶磷标准曲线、稀释倍数，计算玉米浆中溶磷浓度，计算公式如下：

$$c=(a\times A+b)\times n \quad (\mathrm{mg/L})$$

式中 a——标准曲线斜率；

b——标准曲线截距；

A——样品吸光度；

n——样品稀释倍数。

五、注意事项

(1)在更换硫酸亚铁—钼酸铵溶液后需重新制作溶磷标准曲线。

(2)硫酸亚铁—钼酸铵溶液应 4 ℃保存(有效期 1 个月)。

(3)配制硫酸溶液时，注意将浓硫酸缓慢加入水中，可将试剂瓶放在盛放自来水的盆中配制，防止局部过热导致试剂瓶炸裂。

六、思考题

(1)在分光光度法测定溶磷的实验中，Fe^{2+} 的作用是什么？若实验中未加入 Fe^{2+}，可能对检测结果产生何种影响？请结合反应式说明原因。

(2)实验中需要通过标准曲线进行定量分析。若某次实验中标准曲线的线性相关系数 R^2 较低(如 0.95)，可能有哪些实验操作或试剂因素导致这一现象？请列举至少两点原因并做简要解释。

(3)配制 5 mol/L 硫酸溶液时，实验步骤强调“将浓硫酸缓慢加入水中，不可边加硫酸边冷水浴”。请解释这一操作的必要性，并说明违反此操作可能引发的安全问题。

实验十九　分光光度法测定三价铁含量

一、实验目的

(1)了解测定三价铁含量的原理。

(2)掌握分光光度法测定三价铁含量的方法。

二、实验原理

盐酸羟胺将三价铁还原为二价铁，在 pH 值为 4.5 的缓冲溶液体系中，二价铁与 1,10—菲罗啉生成橙红色络合物，在波长 510 nm 处有最大吸收峰，510 nm 处吸光度与铁离子溶度成正比，根据朗伯—比尔定律对其进行定量分析。再根据标准曲线计算出三价铁离子的浓度。这种方法操作简便，精度较高，被广泛应用于水质检测、环境监测等领域。

$$4Fe^{3+}+2NH_2OH\cdot HCl \longrightarrow 4Fe^{2+}+N_2O+4H^{+}+2H_2O+2Cl^{-}$$

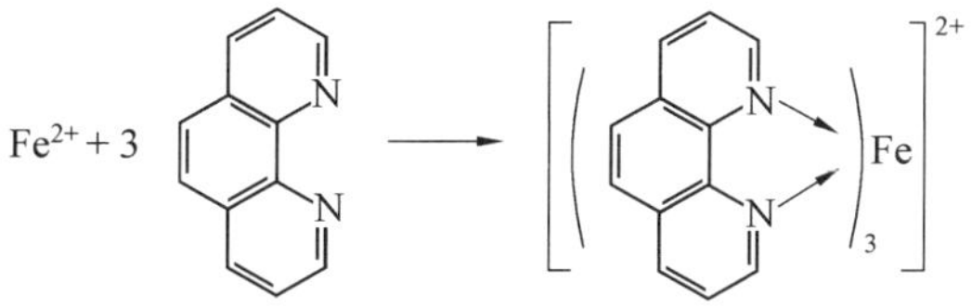

三、实验仪器与试剂

1. 仪器

紫外一可见分光光度计。

2. 试剂

盐酸(AR)、氨水(AR)、盐酸羟胺(AR)、乙酸(AR)、乙酸钠(AR)、硫酸铁铵(AR)、1,10一菲罗啉(AR)。

(1)盐酸溶液(1∶10,体积比)。用 100 mL 量筒量取 100 mL 浓盐酸,缓慢倒入含有 1 L 去离子水的试剂瓶中,混匀。

(2)氨水(1∶1,体积比)。用 500 mL 量筒量取 500 mL 氨水和 500 mL 去离子水于试剂瓶中,混匀。

(3)盐酸羟胺溶液(100 g/L)。称取 100 g 盐酸羟胺于烧杯中,去离子水溶解后转移至 1 L 容量瓶内,定容摇匀。

(4)pH＝4.5 的乙酸一乙酸钠缓冲溶液。称乙酸钠 18.0 g 于 1 L 容量瓶中,量筒量取乙酸 18 mL,加水稀释至 1 000 mL。

(5)硫酸溶液。量取 165 mL 硫酸,缓慢倒入含有约 3/4 去离子水的 1 000 mL 容量瓶中,放凉后,加水定容至刻线。

(6)铁标准储备液(0.1 mg/mL)。称取 0.864 g 十二水合硫酸铁铵[$NH_4Fe(SO_4)_2\cdot12H_2O$]于 1 000 mL 容量瓶中溶解,移液枪移取 10 mL 硫酸溶液,加去离子水定容至刻线,摇匀备用。

(7)铁标准溶液(0.01 mg/mL)。用 10 mL 移液管移取 10 mL 铁标准储备液,置于 100 mL 容量瓶内,用去离子水稀释至刻度,摇匀(现用现配)。

(8)1,10一菲罗啉(2 g/L)。称取 2.0 g 1,10一菲罗啉于 1 000 mL 容量瓶中,加入约 3/4 去离子水超声溶解,加水定容至刻线,摇匀备用。

四、实验步骤

1. 标准曲线绘制

按照表 2.21 用移液枪移取铁标准溶液分别置于 6 个 50 mL 容量瓶中。

表 2.21　标准曲线绘制

铁标准溶液体积/mL	对应铁的质量/μg	吸光度 A
0.0	0	
2.0	20	

续表2.21

铁标准溶液体积/mL	对应铁的质量/μg	吸光度 A
4.0	40	
6.0	60	
8.0	80	
10.0	100	

向每个容量瓶中加入 10 mL 盐酸溶液,加去离子水至约 20 mL,用氨水调至溶液 pH 值为 2～3(先用移液枪吸取 1.5 mL 氨水,摇匀后再用滴管滴加氨水,用 pH 试纸对比比色卡调节),然后依次用移液枪加入 1 mL 盐酸羟胺溶液、5 mL 乙酸－乙酸钠缓冲溶液和 2 mL 1,10－菲罗啉溶液,用去离子水稀释至刻度,摇匀,静置 15 min。在波长 510 nm 处测量吸光度,并以铁质量为横坐标,吸光度为纵坐标绘制标准曲线。

空白实验:不加试样,加入 10 mL 盐酸溶液,采用与分析试样完全相同的步骤、试剂、用量进行空白实验。

2. 样品检测

用吸管吸取 1.0 g 左右的样品于 50 mL 容量瓶中,精确至 0.000 1 g。向容量瓶中加水至 20 mL,用氨水调 pH 值为 2～3。然后用移液枪加 1 mL 的盐酸羟胺溶液,5 mL 的乙酸－乙酸钠溶液和 2 mL 的 1,10－菲罗啉溶液,加水稀释至刻度,摇匀,静置 15 min。用 1 cm 比色皿在波长 510 nm 处,用空白对照液调整零点,测定溶液的吸光度。

3. 计算公式

根据铁标准曲线,计算样品中铁含量,计算公式如下:

$$w=\frac{(a\times A+b)\times 10^{-6}}{m\times \frac{10}{100}}\times 100\%$$

式中 a——标准曲线斜率;
b——标准曲线截距;
A——样品吸光度;
m——样品质量,g。

五、注意事项

(1)样品测定与绘制标准曲线的显色时间保持一致。

(2)配制 1,10－菲罗啉溶液时,每超声 20 min 更换一次超声波清洗器里的水,防止温度过高时溶液变性,1,10－菲罗啉不易溶解,需超声 4 h 左右。配置后溶液为无色溶液,需避光保存。

六、思考题

(1)邻二氮菲分光光度法与磺基水杨酸分光光度法均可用于三价铁含量测定,但实验步骤中是否需要预先还原三价铁?试结合两种方法的显色原理及反应条件差异说明原因。

(2)实验中使用分光光度法测定三价铁含量时,为何需绘制标准曲线?若某次实验中标准曲线的线性相关系数 R^2 偏低,可能由哪些操作误差导致?

实验二十　氨基酸类物质的荧光光谱分析

一、实验目的

(1)熟悉荧光光谱法的基本原理。

(2)了解荧光分光光度计的构造、原理,掌握荧光光谱法的基本操作。

(3)掌握荧光光谱分析技术应用于定量分析的原理及方法。

二、实验原理

荧光物质吸收特定频率辐射能量后会产生荧光,不同荧光物质的最大吸收波长、最大激发波长以及荧光谱图不同,以此可以鉴定未知物质。荧光还与物质浓度在一定范围内有线性关系,可以通过测定未知浓度的已知物荧光吸收强度来测定浓度。

荧光的产生:荧光物质分子在吸收特定频率辐射能量后,由基态跃迁至第一电子激发态(或更高激发态)的任一振动能级,在溶液中这种激发态分子与溶剂分子发生碰撞,以热的形式损失部分能量后,回到第一电子激发态的最低振动能级(无辐射跃迁),然后再以辐射形式去活化跃迁到电子基态的任一振动能级,便产生荧光。能产生强荧光的物质分子,一般都具有大的共轭键结构或具有刚性平面结构等特征。

荧光分析法的特点如下。

优点:灵敏度高、选择性好、工作曲线线性范围宽,能提供激发光谱、发射光谱、发光强度、发光寿命、量子产率、荧光偏振等诸多信息。

缺点:由于能够产生强荧光的物质相对较少,荧光分析法的应用不太广泛。

改进方法:对于没有强荧光或没有荧光的物质的测定可设计相应的反应使其生成具有荧光特性的配合物进行测定。

氨基酸是含有氨基和羧基的一类有机化合物,是生物功能大分子蛋白质的基本组成单位,是构成动物营养所需蛋白质的基本物质。色氨酸(Try)、酪氨酸(Tyr)和苯丙氨酸(Phe)是天然氨基酸中能发射荧光的组分,可以用荧光法测定。

三、实验仪器与试剂

1. 仪器

F97pro 型荧光分光光度计、10 mL 具塞比色管。

2. 试剂

标准溶液 a:4×10^{-4} mg/mL 的酪氨酸溶液;标准溶液 b:1×10^{-3} mg/mL 的苯丙氨酸溶液;标准溶液 c:1×10^{-3} mg/mL 的色氨酸溶液;色氨酸待测样;去离子水。

四、实验步骤

1. 标准溶液及待测液准备

(1)分别移取标准溶液 a、标准溶液 b 和色氨酸待测样于 3 支 10 mL 比色管中，待用。

(2)分别移取标准溶液 c 0.0、1.0、2.0、3.0、4.0、5.0、6.0 mL 于 7 支 10 mL 比色管中，并用去离子水稀释、定容，摇匀，待用。

2. 仪器操作

(1)打开荧光分光光度计主机和计算机，双击分光光度计图标“F97pro 型荧光分光光度计”，等待系统初始化完成。仪器预热 15～30 min 后方可使用。

(2)选择光谱测量界面(光谱扫描、3D 光谱、定量测定、光度测定、时间扫描测定)，选择“光谱扫描”，点击列表上方“连接仪器”，点击右侧“设置”，确定测试条件。在方法概要选项卡界面将扫描模式设置为发射模式，数据模式设置为荧光模式；绘制步骤(1)中所配制各溶液的激发光谱(λ_{ex})和发射光谱(λ_{em})，并确定各自的定量测定界面，依据上述步骤中测得的酪氨酸的 $\lambda_{E}m_{max}$ 和 $\lambda_{E}x_{max}$，设定定量测定的参数，测定系列标准溶液的荧光强度 I_s 值，然后在相同条件下测量未知样的相对荧光强度 I_x，并记录实验数据。

3. 数据处理与实验结果分析

色氨酸的荧光分析：调整狭缝宽度至最佳值，即 $d_{ex}=5.0$ nm，$d_{em}=5.0$ nm。首先预扫。在固定发射波长 350 nm 处得到色氨酸激发光谱，选择最大强度对应的波长约 280 nm处，固定此激发波长得到色氨酸的发射光谱。

五、注意事项

本实验测量过程中，在以下几个方面可能产生实验误差：

(1)荧光仪本身的误差：荧光分光光度计的吸收强度与狭缝宽度并不成正比，对实验造成了一定影响。

(2)仪器实验精密度也有影响，实验中是每隔 0.5 nm 的波长测量一次，故不是十分精确；同时图谱不是十分平滑，峰不明显或峰有分裂，造成读数困难。

(3)人工作图的误差：通过人工寻峰的方式寻找氨基酸的最大激发波长、最大发射波长，必然有一定的误差。

(4)荧光受外界环境的影响：温度的变化会影响荧光的强度，温度越高，荧光强度越弱。

六、思考题

(1)为什么大多数氨基酸需衍生化处理才能进行荧光检测？举例说明一种荧光衍生化方法及其原理。

(2)如何结合数学统计与实验技术提升氨基酸荧光光谱的分辨率？试以实际案例说明。

(3)与传统 HPLC(高效液相色谱法)相比，荧光光谱法检测氨基酸的优缺点是什么？

如何通过联用技术弥补其局限性？

实验二十一　荧光光谱法测定淀粉中直链淀粉含量

一、实验目的

(1)掌握荧光光谱法测定淀粉中直链淀粉含量的基本原理及操作流程。

(2)熟悉荧光分光光度计的使用方法，学会激发波长与发射波长的选择及标准曲线的绘制。

(3)了解荧光光谱法的优势，如快速、环保、高灵敏度等特性。

二、实验原理

荧光光谱法是一种基于物质光物理特性的分析技术，其原理是通过特定波长激发样品分子至激发态，随后检测其辐射跃迁返回基态时发射的荧光信号。通过系统分析激发波长选择、荧光发射光谱特征(包括峰位、强度及斯托克斯位移等参数)，可获得待测物质的分子结构、浓度及微环境变化等信息。

三、实验仪器与试剂

1. 仪器

F97pro 型荧光分光光度计、10 mL 具塞比色管、pHS－3C 数显酸度计。

2. 试剂

直链淀粉标准品、支链淀粉标准品、玉米淀粉。

四、实验步骤

1. 样品前处理

称取 10.0 g 过 100 目筛的玉米淀粉，用石油醚脱脂 3 次，在恒温干燥箱中于 120 ℃恒温干燥 3 h，待用。

2. 溶液配制

玉米淀粉溶液配制：称取上述处理的玉米淀粉样品，配制 1.0 mg/mL 的玉米淀粉溶液。

标准品溶液的配制：准确称取一定量的支链淀粉标准品和直链淀粉标准品，用二次蒸馏水分别配制 1.0 mg/mL、1.0 μg/mL 的支链淀粉、直链淀粉标准品水溶液。在 7 个 10 mL比色管中分别加入 1.0 μg/mL 的直链淀粉标准品水溶液 1.00、2.00、3.00、4.00、5.00、6.00、7.00 mL，用二次蒸馏水稀释到刻度，得 0.1、0.2、0.3、0.4、0.5、0.6、0.7 μg/mL的直链淀粉标准品水溶液。

3. 激发波长与发射波长的测定

在 2 支 10 mL 比色管中，加入 4.0 mL 浓度为 1.0 μg/mL 的直链淀粉标准品溶液，用二次蒸馏水定容至刻度，摇匀。在狭缝宽度为 5 nm，在波长 300～480 nm 范围内荧光扫描，确定其最大激发波长和发射波长。

五、数据处理

1. 标准曲线方程

$$I=ac+b \quad (R^2 \geqslant 0.995)$$

式中 I——荧光强度；

c——浓度，μg/mL；

a——斜率；

b——截距。

2. 含量计算

$$直链淀粉含量=\frac{c\times 稀释倍数\times 10^{-3}}{m_{样品}}\times 100\%$$

示例：若测得 $c=0.45$ μg/mL，稀释倍数为 10，样品质量 $m_{样品}=0.05$ g，则直链淀粉含量= $(0.45\times 10\times 10^{-3})/0.05 \times 100\% = 0.9\%$。

六、注意事项

(1)石油醚需充分挥发，避免残留影响荧光测定；石油醚易燃，实验需在通风橱中操作。

(2)每次开机需预热仪器 20 min，基线校准后再测量。

(3)标准品与样品需同步处理，避免温度、时间差异引入误差。

七、思考题

(1)实验中为何选择 370 nm 和 422 nm 作为特征波长？试结合光谱响应特性分析。

(2)荧光光谱法在测定直链淀粉时具有“不受共存支链淀粉影响”的优势，试从分子结构和实验设计角度分析这一特性的原理。

(3)文献中提到荧光法的线性范围为 0.10～0.70 μg/mL，相关系数 $R^2=0.9996$，检出限为 0.026 μg/mL。这些参数对实际样品处理(如稀释倍数、取样量)有何指导意义？如何避免超出线性范围导致的误差？

(4)若样品荧光强度超出标准曲线范围，应如何处理？

第3章　电化学分析实验

3.1　自动电位滴定仪

电位滴定仪是一种常用的实验室仪器，用于测定溶液中活性物质的含量。它的工作基于电位滴定法，通过在待测溶液中加入一种浓度已知的试剂，根据试剂与溶液中活性物质反应的终点电位变化，来测定活性物质的含量。它广泛应用酸碱滴定（pH 敏感电极）、氧化还原滴定（铂电极）、沉淀滴定（银电极）等反应类型，广泛应用于药物分析、环境监测、食品检测等领域。

3.1.1　自动电位滴定仪原理

电位滴定法是基于平衡电位理论的分析方法，通过监测滴定过程中溶液氧化还原电位（E）的突变判定反应终点，以指示电极（如玻璃电极、金属电极）与参比电极（如甘汞电极）构成的测量系统，实时监测滴定过程中溶液电位的变化。当滴定剂与待测物反应达到化学计量点时，溶液中离子浓度发生突跃性变化，引发电极电位剧烈改变（如 $\Delta E/\Delta V$ 达到最大值）。仪器通过微分算法（一阶导数法 $\mathrm{d}E/\mathrm{d}V$ 或二阶导数法 $\mathrm{d}^2E/\mathrm{d}V^2$）自动识别电位突变点，结合滴定剂消耗量计算待测物浓度。相比传统目视法，自动电位滴定法具有灵敏度高、抗干扰性强特点，适用于有色、浑浊溶液的精准分析。

3.1.2　使用说明

1. 系统初始化

电极预处理：甘汞电极检查饱和 KCl 内充液液位，指示电极按材质进行活化处理（玻璃电极浸泡于 3 mol/L KCl 溶液中 24 h，金属电极打磨抛光）。

管路排气：采用三段式排气法，确保滴定管及传输管路无气泡残留。

基线校准：在空白溶液中调节零点漂移绝对值$<$2 mV。

2. 样品前处理

pH 值调节：采用缓冲溶液法控制反应体系 pH 值至最佳反应区间（±0.05）。

干扰消除：根据待测体系添加掩蔽剂［如 EDTA（乙二胺四乙酸）络合金属干扰离子）］。

3. 自动滴定程序

参数设置：预设增量体积（±0.01 mL）、搅拌速度（400 r/min±50 r/min）、温度补偿（±0.5 ℃）等。

终点判定：采用双导数复合算法（dE/dV 与 d^2E/dV^2 联合判定）。

数据记录：自动记录 $V-E$ 曲线及特征参数（突跃斜率、平台区间等）。

3.1.3 注意事项

1. 实验室安全

在实验操作中，应遵守实验室安全规定，正确穿戴实验服、防护眼镜等个人防护装备。

2. 质量分析

使用前应检查仪器的电源、电极等部分是否正常工作，确保仪器处于良好状态。

3. 样品处理

样品处理过程中，应精确称量试剂，严格控制待测溶液的质量。

4. 滴定溶液的选择

根据待测溶液的性质和滴定需求，选择合适的试剂和滴定溶液。

5. 滴定剂的添加

滴定过程中，滴定剂的添加应均匀、持续，并且避免泡沫的产生。

3.1.4 设备维护

1. 日常清洁

使用完毕后，应将仪器进行清洁，去除滴定池和电位滴定电极上的滴定剂和溶液残留物。

2. 维护电极

定期检查电位滴定电极的状态，及时更换老化的电极，保证其测量精度。例如，玻璃电极应储存于 3 mol/L 的 KCl 溶液中，Ag 电极需避光保存。

3. 定期校准

定期对自动电位滴定仪进行校准（如每月进行电极响应斜率测试，保证能斯特斜率$\geqslant$54 mV/pH），保证仪器的准确性和稳定性。

4. 正确存放

存放自动电位滴定仪时，应避免阳光直射和潮湿环境，保证仪器不会受潮和老化。

综上所述，自动电位滴定仪基于电位滴定法原理，通过测量溶液中滴定物与滴定剂之间反应的电动势变化来确定滴定物的含量。在使用过程中，需要注意实验室的安全，正确操作仪器，保证样品处理的质量和滴定溶液的选择。在维护方面，需要定期清洁电位滴定仪，并维护电极的状态，保证仪器的准确性和稳定性。通过正确的使用和维护，自动电位滴定仪将为实验工作提供准确可靠的滴定结果。

3.2　基本操作实验

实验二十二　玻璃电极响应斜率和溶液 pH 值的测定

一、实验目的

(1)掌握用玻璃电极测量溶液 pH 值的基本原理和测量技术。

(2)学会测定玻璃电极的响应斜率,进一步加深对玻璃电极响应特性的了解。

二、实验原理

在进行测定时,把玻璃电极与饱和甘汞电极插入试液组成下列电池:AgCl,Ag | 内参比溶液 | 玻璃膜 | 试液 ‖ 饱和 KCl | Hg_2Cl_2,Hg。

$$E_{电池}=E_{SCE}-E_{玻}+E_{液接}\quad E_{玻}=k-0.059\text{pH}$$

在一定条件下,$E_{液接}$和 E_{SCE}为一常数,因此,电动势可写为

$$E_{电池}=K+0.059\text{pH}\ (25\ ℃)$$

若上式中 K 已知,由测得的 $E_{电池}$就能计算出被测溶液的 pH 值,但实际上由于 K 不易求得。因此,在实际工作中,用已知的标准缓冲溶液作为基准,比较待测溶液和标准溶液两个电池的电动势来确定待测溶液的 pH 值。所以在测定 pH 值时,先用标准缓冲溶液校正酸度计(亦称定位),以消除 K 的影响。

三、实验仪器与试剂

1.仪器

pHS—3 型酸度计、玻璃电极和 232 型饱和甘汞电极。

2.试剂

pH 值标准缓冲溶液、未知 pH 值试液。

pH=4.00 标准缓冲溶液:称取 10.21 g 在 110 ℃烘干 1~2 h的邻苯二甲酸氢钾($KHC_8H_4O_4$)在烧杯中溶解后,移至 1 000 mL 容量瓶中,稀释至刻度,摇匀(也可用市售袋标准缓冲溶液试剂,按规定配制)。

pH=6.86 标准缓冲溶液:称取 3.39 g 磷酸二氢钾(KH_2PO_4)和 3.53 g 磷酸氢二钠(Na_2HPO_4)于烧杯中,用水溶解,移至 1 000 mL 容量瓶中,稀释至刻度,摇匀。

pH=9.18 标准缓冲溶液:称取3.80 g硼砂($Na_2B_4O_7\cdot 10H_2O$)在烧杯中溶解后,移至 1 000 mL 容量瓶中,稀释至刻度(所用蒸馏水需煮沸以除去 CO_2),摇匀。

四、实验步骤

1.玻璃电极响应斜率的测定

一支功能良好的玻璃电极,应该有理论上的能斯特响应,即在不同 pH 值的缓冲溶液

中测得的电极电位与 pH 值呈直线关系，在 25 ℃其斜率为 59 mV/pH。测定方法如下：

(1)接通仪器电源，按使用说明调零、校正，安装好玻璃电极和甘汞电极。在 50 mL 烧杯中盛 20 mL 左右的邻苯二甲酸氢钾缓冲溶液，将电极浸入其中，选择“mV”挡。不时摇动烧杯，使指针稳定后读数，记下数据 E(mV)。

(2)用蒸馏水轻轻冲洗电极，用滤纸吸干。在 50 mL 烧杯中盛 20 mL 左右的硼砂溶液，选择“mV”挡，按上述方法操作。

(3)同(2)的操作，更换 pH＝6.86 的缓冲溶液，测其 E 值。

2. 试液的 pH 值测定

(1)将电极用水冲洗干净，用滤纸吸干。

(2)先用广范 pH 试纸初测试液的 pH 值，再用与试液 pH 值相近的标准缓冲溶液校正仪器(例如：若测 pH＝9.0 左右的试液，应选用 pH＝9.18 的标准缓冲溶液定位)。

校正完毕后，不得再转动定位调节旋钮，否则应重新进行校正工作。用蒸馏水冲洗电极，用滤纸吸干后，将电极插入试液中，摇动烧杯，使指针稳定后由仪器刻度表读出 pH 值。

取下电极，用水冲洗干净，妥善保存，实验完毕。

五、实验数据处理

(1)用表 3.1 测得的电位对 pH 值作图，求其直线的斜率。该斜率即为玻璃电极的响应斜率，若电极响应斜率偏离理论值(59 mV/pH)很多，则此电极不能使用。

表 3.1　标准缓冲溶液测量记录表

标准缓冲溶液 pH 值	溶液电位/mV
4.00	
6.86	
9.18	

(2)记录所测试样溶液 pH 值。

六、注意事项

(1)玻璃膜极薄，不可触碰硬物(如烧杯壁)，防止划伤。

(2)避免测量含油脂、胶体或强腐蚀性溶液，防止膜表面堵塞或腐蚀。

(3)使用后立即清洗，保存于 3 mol/L KCl 溶液中，不可长期浸泡于蒸馏水。

七、思考题

(1)利用自动电位滴定仪测溶液的 pH 值时，为什么要选用 pH 值与待测溶液的 pH 值相近的标准缓冲液来定位？

(2)什么是 pH 值的理论定义？什么是 pH 值的实用(操作)定义？pH 值的实用定义说明什么问题？

实验二十三 电位滴定法测定水中氯离子含量

一、实验目的

(1)学习电位滴定的基本原理和操作技术。

(2)掌握电位滴定中数据处理的方法。

二、实验原理

利用电极电位的“突跃”指示滴定终点,以一对适当的电极对监测滴定过程中的电位变化,从而确定滴定终点,并由此求得待测组分的含量的方法称为电位滴定法。电位滴定终点的确定,不必知道终点电位的确定值,只要测得电位的变化,就可通过作图法或二阶微商法确定滴定终点。

本实验以 $AgNO_3$ 为滴定剂,基于 Ag^+ 和 Cl^- 沉淀原理进行测定。根据能斯特方程 $E=E^{\ominus}-\frac{RT}{nF}\lg C_{Cl^-}$,以银一氯化银电极为指示电极,玻璃电极为参比电极,通过测量滴定过程中电位的变化,测定待测溶液中 Cl^- 的浓度。滴定过程中,使氯离子浓度降低,电位发生改变,接近化学计量点;而后继续加入滴定剂,Cl^- 浓度发生突变,电位相应发生突变。以突变时滴定剂的消耗体积(mL)来确定滴定终点($AgNO_3$标准溶液的体积)。

滴定过程中,有两个电位“突跃”。每次滴定 1.0 mL;在终点附近的量,电位值变化较大时,每次可滴 0.10 mL,以便于微商法的计算和获得准确的测定结果。

三、实验仪器与试剂

1. 仪器

pH 酸度计、饱和甘汞电极、氯离子选择电极。

2. 试剂

0.100 0 mol·L^{-1} $AgNO_3$标准溶液、KNO_3固体。

四、实验步骤

将氯电极和甘汞电极与 pH 酸度计连接好,选择“mV”挡,预热仪器 10 min。精确量取试液 20 mL 于 100 mL 烧杯中,再加约 30 mL 水,加入 3 滴 6 mol·L^{-1} HNO_3溶液和 2 g KNO_3。放入搅拌磁子,将烧杯放在磁力搅拌器上,并插入银电极和甘汞电极,滴定管中装入 $AgNO_3$标准溶液并安装在烧杯上方适当位置,便于滴定操作。

调节搅拌速度,溶液应稳定而缓慢地转动。测定并记录起始电位。用 0.100 0 mol·L^{-1} $AgNO_3$标准溶液滴定,开始时每次加入 1.0 mL 滴定剂,待电位稳定后,读取其值和相应滴定剂体积记录在表 3.2 中。随着滴定剂的加入,电位的改变值增大,应减少每次加入滴定剂的量。当接近滴定终点时,每次加入 0.10 mL 滴定剂。

表 3.2　电位及其相应滴定剂体积

项目	数值
E/mV	
V/mL	

再移取一份未知试液，按上述步骤测定，两次平行滴定结果相对误差在 1% 以内即可。

五、实验数据处理

(1)绘制曲线。

(2)由图查得 V_{ep}，计算试样中 Cl^- 的浓度，分别以 mol/L 和 mg/mL 表示。

六、注意事项

(1)注意爱护仪器，切勿将试剂和水浸入仪器中，仪器不用时插上接续器。仪器不应长期放在有腐蚀性等有害气体的房间内。

(2)将电磁阀调整合适。手动滴定时，应有节奏地按动开关。

(3)双盐桥内饱和甘汞电极应装有一定高度的饱和 KCl 溶液，液体内不能有气泡，陶瓷芯应保持通畅，用橡皮筋将装有 KNO_3 溶液的外套管与参比电极连好。

七、思考题

(1)总结本实验中 KNO_3溶液的作用。

(2)终点滴定剂体积的确定方法有哪几种？

(3)在实验中哪些因素容易造成误差？怎样能提高实验结果的准确度？

实验二十四　牙膏中含氟量的测定

一、实验目的

(1)掌握一般 pH/mV 计的使用操作技术。

(2)掌握用离子选择性电极进行直接电位分析的原理及方法。

二、实验原理

氟是人体必需的微量元素之一，微量氟有促进儿童生长发育和防龋齿的作用。国际牙科联盟和国际牙科协会一直都在推荐人们使用含氟牙膏。如果人体缺氟，会出现龋牙(也叫蛀牙)与骨质疏松的症状。但是氟含量过高对人体是有害的。氟中毒后的主要症状为牙齿变黄、变黑、腿呈 X 形或 O 形、躬腰驼背或者手臂只能弯不能伸等，中毒轻者造成氟斑牙，重者出现氟骨症，甚至完全丧失劳动和生活自理能力。

我国国家标准《牙膏》(GB/T 8372—2017 中)规定，成人牙膏总氟量为 0.05%～

0.15%，含氟儿童牙膏中总氟量为 0.05%～0.11%。

本实验用氟离子选择电极直接电位法测定牙膏中的氟含量。直接电位法选用适当的指示电极浸入被测试液，测量其相对于一个参比电极的电位。根据测出的电位，直接求出被测物质的浓度。

电极电位与电极活性物质的活度之间的关系可以用能斯特方程式来表示：

$$\varphi=\varphi^{\ominus}+\frac{RT}{zF}\ln a$$

利用此关系建立了一类通过测量电极电位来测定某物质的含量的方法，称为电位分析法。

氟电极电位与溶液中 F^- 活度符合能斯特方程，由氟电极与参比电极组成原电池，其电动势方程 $E_{池}=常数+0.059\lg a_{F^-}$，在实际测量中要求测定 F^- 的浓度而不是活度。因此，在实验中要使用离子强度缓冲调节剂(TISAB)固定溶液的离子强度，使得活度系数成为常数，从而使电极电位与 F^- 浓度的对数 $\lg C_{F-}$ 的关系呈线性，可用工作曲线法定量。

因此 TISAB 在本实验中有以下作用：

(1)保持溶液的总离子强度基本固定不变；

(2)作为缓冲液保持 pH 为 5.0～5.5，消除了 OH^- 的干扰，并且不易形成氟化氢缔合物；

(3)柠檬酸盐能络合 Al^{3+}、Fe^{3+} 等使原来被它们缔合的氟离子释放出来；

(4)加快平衡时间。

目前，氟离子选择电极已经广泛应用于天然饮用水、工业氟污染水的分析中。

三、实验仪器与试剂

1. 仪器

pH 计/离子计、氟离子选择性电极、磁力搅拌器。

2. 试剂

(1)氟标准溶液(0.100 0 mol/L)。准确称取 4.198 g 在 120 ℃干燥过后的氟化钠(AR)，以水溶解转入 1 000 mL 容量瓶中，用水稀释至刻度，混匀转移至塑料瓶中储备。

(2)TISAB。在 500 mL 水中加入 57 mL 冰醋酸(AR)、58.500 g 的氯化钠和 0.300 g 的柠檬酸钠(AR)，用水稀释至 1 L，pH 为 5.0～5.5。

四、实验步骤

1. 配制氟标准溶液系列

取 1 个 50 mL 的容量瓶，准确加入 5 mL 0.10 mol/L 的氟标准溶液，加 25 mL TISAB，用水稀释至刻度，此溶液为 1.0×10^{-2} mol/L 氟标准溶液。然后在 1.0×10^{-2} mol/L氟标准溶液的基础上逐级稀释成 1.0×10^{-3}～1.0×10^{-5} mol/L 氟标准溶液，每个浓度差为 10 倍(注意：除第一份溶液外，每个标准液均加入 22.5 mL TISAB 溶液)。

在配制溶液的过程中注意润洗烧杯，使用 4 支吸量管取不同浓度的溶液，免去润洗的麻烦。值得注意的问题：润洗和取 5 mL 溶液的时候要节约，以免后面溶液测量时不够用。

配制空白溶液：在容量瓶中加入 25 mL TISAB 溶液，用去离子水稀释至刻度即可。

2. 标准氟工作曲线的绘制

安装好实验装置，插上电源，按"ON"键打开 pH/mV 计，再按"MODE"键将测量状态调至 mV，把电极插入去离子水中，在搅拌的条件下洗涤至电位计读数在＋400 mV 以上，更换去离子水后，读数波动不超过 5 mV 表示电极已进入工作状态，可以进行测量。首先测量空白溶液，取清洗到稳定值的电极，将空白溶液倒入烧杯中，放入搅拌子，调节转速至转动稳定（无须转太快），插入氟离子选择电极和银－氯化银电极（浸没电极，不要碰到搅拌子，不要有气泡，不要放在中心），放置 5 min 左右，使电极适应缓冲溶液体系。记下读数。如果电极下面有气泡，把电极提起来再放进去。

将适量标准溶液（不能太少，液面离搅拌子太近容易打到电极）分别倒入 4 只烧杯中，由稀至浓分别测量标准溶液的电位（等到显示 ready），每次测定前将搅拌子和电极上的水珠用滤纸擦干，但注意不要碰到底部晶体膜。记下读数。测定过程中搅拌溶液的速度应该恒定，办法是在第一次搅拌子稳定后，不动转速按钮，直接按搅拌器开关。

最后以 $\lg C_{F^-}$ 浓度的对数为横坐标，电位（mV）为纵坐标绘制标准曲线。

测量完毕后将电极用蒸馏水清洗直至测得电位与第一次清洗时的电位相近。这点很重要，在测定牙膏样品之前一定要将电极洗至空白值，否则影响读数的准确性。

3. 牙膏中氟含量的测定

准确称取 1.000 g 左右的牙膏样品于小烧杯中，用玻璃棒取，在天平上垫上称量纸，玻璃棒与烧杯一起称。用 25 mL TISAB 溶液分数次将牙膏样品稀释后转移至 50 mL 容量瓶中（第一次用 5 mL，充分缓慢搅拌，直到不溶物比较少，大概 3 min），用水定容至刻度（可能会有少量气泡）。定容后不盖塞子，超声振荡几分钟。按操作步骤用已经清洗至空白值的电极测量电位，读数。

4. 实验结束

用水清洗电极至测得的电位约为＋400 mV（复原），洗干净镊子并擦干，洗净实验器具摆放整齐，关闭 pH 计和磁力搅拌器，回收搅拌磁子，收拾干净通风橱。擦干参比电极，盖上电极保护帽。

五、注意事项

（1）测量时浓度应由稀至浓，每次测定前将搅拌子和电极上的水珠用滤纸擦干，但注意不要碰到底部晶体膜。

（2）绘制标准曲线时测定一系列标准溶液后，应将电极清洗至原空白值，然后再测定未知试液的电位值。

（3）测定过程中搅拌溶液的速度应该恒定。

（4）实验结束后要清洗电极，保持电极的洁净。

六、思考题

(1)氟离子的选择电极在使用时应注意哪些问题?

(2)实验过程中为什么要清洗电极,如何确保电极的准确性和稳定性?需要进行哪些预处理和清洗步骤?

(3)TISAB在测量溶液中起哪些作用?

(4)工作曲线法和标准加入法各有什么优缺点?在实际应用中应如何选择?

(5)如果电极对待测物活度的响应不符合能斯特方程,可能的原因有哪些?应如何解决?

实验二十五　电位滴定测定食醋总酸度

一、实验目的

(1)通过醋酸的电位滴定,掌握电位滴定的基本操作、pH值的变化及指示剂的选择。

(2)学习食用醋中醋酸含量的测定方法。

二、实验原理

食用醋的主要酸性物质是醋酸(HAc),此外还含有少量的其他弱酸。醋酸的解离常数 $K_a=1.8\times10^{-5}$,用NaOH标准溶液滴定醋酸,化学计量点的pH=8.75,可选用酚酞作指示剂,滴定终点时溶液由无色变为微红色。两者的反应方程式为 $HAc+NaOH = NaAc+H_2O$。然而在本实验滴定过程中,由于棕色的食用陈醋无法使用合适的指示剂来观察滴定终点,所以它的滴定终点用酸度计来测量。

NaOH在称量过程中不可避免地会吸收空气中的CO_2,使得配制的NaOH溶液浓度比真实值偏高,最终使实验测定结果偏高。因此,不能用直接法配制标准溶液。为得到更准确的数据,需要先配成近似浓度为0.1 mol/L的溶液,然后用基准物质标定。

本实验选用邻苯二甲酸氢钾(KHP)作为基准试剂来标定NaOH溶液的浓度。邻苯二甲酸氢钾纯度高、稳定、不吸水,而且有较大的摩尔质量。标定时可用酚酞作指示剂,标定NaOH反应式为

$$KHC_8H_4O_4+NaOH = KNaC_8H_4O_4+H_2O$$

电位滴定法是在滴定过程中根据指示电极和参比电极的电位差或溶液的pH值的突跃来确定终点的一种方法。在酸碱电位滴定过程中,随着滴定剂的不断加入,被测物与滴定剂发生反应,溶液pH值不断变化,在化学计量点附近发生pH值突跃。因此,测量溶液pH值的变化,就能确定滴定终点。滴定过程中,每加一次滴定剂,测一次pH值,在接近化学计量点时,每次滴定剂加入量要小到0.10 mL,滴定到超过化学计量点为止。这样就得到一系列滴定剂用量V和相应的pH值数据。

三、实验仪器与试剂

1. 仪器

pHS－3C 型酸度计。

2. 试剂

NaOH、$KHC_8H_4O_4$基准物质、食用醋、酚酞、去离子水。

四、实验步骤

1. 酸度计的安装与校正

(1)开机预热 30 min，连接复合电极，安排好滴定管和酸度计的位置。

(2)用标准缓冲溶液校准仪器(测定前要开动搅拌器)：将搅拌棒放入标准缓冲溶液中，将电极插入标准缓冲溶液中使玻璃球完全浸没在溶液中，开动搅拌器，注意观察搅拌磁子不要碰到电极。

(3)pH＝6.86 标准缓冲溶液定位。先将斜率旋钮顺时针调到最大，调节 pH 量程至 6，按下读数开关，将定位旋钮调节 pH 值至标准缓冲溶液 pH 值。

(4)pH＝9.18 标准缓冲溶液调斜率。调节 pH 量程至 8，按下读数开关，将定位旋钮调节 pH 值至标准缓冲溶液 pH 值。

2. 粗配 NaOH 溶液

用天平称量 2.00 g NaOH 于 100 mL 烧杯中，加蒸馏水溶解，搅拌，可加热加速溶解。待放至室温后转移到带胶塞的试剂瓶中，共加 500 mL 蒸馏水稀释。

3. NaOH 溶液的标定(常量法)

用差量法称取邻苯二甲酸氢钾基准物质 0.4～0.6 g 于 250 mL 锥形瓶中，加 40～50 mL蒸馏水溶解，加入 2～3 滴酚酞指示剂，用待标定的 NaOH 溶液滴至溶液呈微红色并保持 30 s 不褪色，即为终点。平行标定 3 份，计算 NaOH 溶液的浓度和各次标定结果的相对偏差。相对偏差小于或等于 $|\pm 0.2\%|$，否则需重新标定。

4. 食醋样品的测定

用吸量管吸取 2.0 mL 食醋样品，置于 100 mL 烧杯中，加去离子水 40～50 mL 混匀，开动磁力搅拌器。用已标定的 NaOH 标准溶液滴定至酸度计指示 pH＝8.7。消耗的 NaOH 标准溶液的体积，为食醋中醋酸耗碱量。平行滴定 3 次，计算食醋中醋酸的酸度 ρ_{HAc}(g/100 mL)和各次测量结果的相对偏差。

5. 空白对照

取 40～50 mL 蒸馏水，进行空白实验。

五、数据记录和处理

将实验中数据详细记录于表 3.3 及表 3.4 中。

表 3.3　$KHC_8H_4O_4$标定 NaOH 溶液

项目	1	2	3
$m_{KHC_8H_4O_4}$/g			
V_{NaOH}/mL			
$c_{NaOH}/(mol \cdot L^{-1})$			
c_{NaOH}平均值/$(mol \cdot L^{-1})$			
相对偏差/%			
相对平均偏差/%			

表 3.4　样品测定中 NaOH 消耗体积

项目	1	2	3
$V_{食用醋}$/mL			
V_{NaOH}/mL			
$V_{空白}$/mL			
n_{HAc}/mol			
ρ_{HAc}/(g/100 mL)			
ρ_{HAc}平均值/(g/100 mL)			
相对偏差/%			
相对平均偏差/%			

六、注意事项

(1)在将电极插入待测溶液前，要用蒸馏水冲洗干净，用滤纸吸干水分，再放入溶液中。

(2)测定应在搅拌的情况下进行。

(3)测定前必须根据测量 pH 值范围选择合适的量程。

七、思考题

(1)试以计算法求出滴定终点时消耗滴定剂的体积，并与滴定曲线法比较其准确性。

(2)为什么在离化学计量点较远时，每次加入较多的滴定剂，而接近化学计量点时，每次仅加入 0.10 mL 滴定剂?

(3)在标定 NaOH 溶液浓度和测定食醋的总酸度时，为什么都采用了粗测和精测两个步骤?

3.3 校企合作实验

实验二十六 电位滴定法测定食品中氨基酸含量

一、实验目的

(1)掌握电位滴定法测定氨基酸含量的原理和操作方法。

(2)理解氨基酸的两性性质及甲醛掩蔽氨基的滴定原理。

(3)学会通过滴定曲线确定终点,计算食品中氨基酸的含量。

二、实验原理

氨基酸分子中同时包含酸性基团—COOH和碱性基团—NH_2,这两种基团之间的相互作用使得氨基酸呈现为中性的内盐形式,因此无法直接使用碱性溶液对其羧基进行滴定。然而,当加入甲醛时,氨基会与甲醛分子发生反应,导致其碱性特性消失,从而使羧基呈现酸性。此时,可以通过NaOH溶液对—COOH进行滴定,从而间接测定氨基酸的总含量。

反应原理如下:

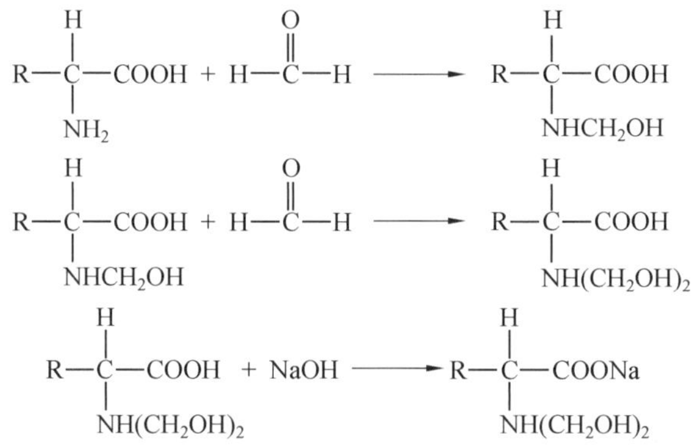

电位滴定法适合有色样液(酱油、陈醋类)的测定,对于混浊和色深样液可不经处理而直接测定。

三、实验仪器与试剂

1. 仪器

自动电位滴定仪,磁力搅拌器,碱式滴定管,10 mL、25 mL移液管。

2. 试剂

甲醛、NaOH、邻苯二甲酸氢钾、食用酱油、去离子水。

四、实验步骤

1. 样品处理

用移液管准确移取 5 mL 酱油至 100 mL 容量瓶中，用蒸馏水定容至刻度，摇匀备用。

2. NaOH 标准溶液的配制及标定

称取 NaOH 0.200 0 g 置于烧杯中，用量筒量取 100 mL 去离子水加入烧杯中，充分搅拌使其溶解。

精确量取邻苯二甲酸氢钾 0.194 1 g 倒入烧杯，加入 80 mL 蒸馏水。开启磁力搅拌器，待搅拌稳定后把自动电位滴定仪的工作电极和参比电极小心放入烧杯，用 NaOH 标准溶液滴定至酸度计指示 pH 值为 8.2，记下消耗 NaOH 标准溶液的体积。平行滴定 3～4次，计算 NaOH 标准溶液的浓度。

3. 样品测定

(1)中和样品中的游离酸。准确吸取第 1 步中试样溶液 20.0 mL 于 250 mL 烧杯中，加入 60 mL 蒸馏水，开启磁力搅拌器，待搅拌稳定后把自动电位滴定仪的工作电极和参比电极小心放入烧杯，用 NaOH 标准溶液滴定至酸度计指示 pH 值为 8.2，记下消耗 NaOH 标准溶液的体积。平行滴定 3～4 次，计算总酸含量。

(2)中和样品中的氨基酸。准确加入 10.00 mL 甲醛溶液，混匀，再用 NaOH 标准溶液继续滴定至 pH 值为 9.2，记录消耗 NaOH 标准溶液的体积。

(3)空白实验。量取 80 mL 蒸馏水，先用 NaOH 标准溶液调节至 pH 值为 8.2，再加入 10.00 mL 甲醛溶液，用 NaOH 标准溶液滴定至 pH 值为 9.2，作为空白样品。

五、实验数据处理

将实验中数据详细记录于表 3.5 中。

表 3.5　NaOH 标准溶液消耗体积

NaOH 标准溶液消耗体积/mL	pH＝8.2	pH＞8.2～9.2
邻苯二甲酸氢钾		
样 品		
空白样品		

食品中氨基酸含量参考下式计算：

$$x=\frac{(V_1-V_2)\times c\times 0.014}{5\times\frac{20}{100}}\times 100 \quad (\text{g}/100\ \text{mL})$$

式中　x——每 100 mL 样品中氨基酸态氮的含量，g；

V_1——测定样品加入甲醛后，滴定至溶液 pH 值为 9.2 时所消耗 NaOH 标准溶液的体积，mL；

V_2——空白实验加入甲醛后滴定至终点所消耗 NaOH 标准溶液的体积，mL；

c——NaOH 标准滴定溶液的物质的量浓度，mol/L；

0.014——与 1.00 mL NaOH 标准滴定溶液（c_{NaOH} = 1.00 mol/L）相当的氮的质量，g。

六、注意事项

(1)本法具有准确快速的特点，可用于各类食品游离氨基酸含量测定。

(2)对固体样品一般应进行粉碎，准确称量后加适量水在 50 ℃水浴中萃取 0.5 h，再进行检测；避免浑浊物干扰电极响应，滴定速度须均匀，接近终点时逐滴加入，防止过冲。

(3)空白实验必须与样品实验条件一致，以减少系统误差；若食品含其他酸性物质（如有机酸），需扣除空白或采用其他前处理方法。

(4)检测结果的准确性与所使用的酸度计密切相关。因此检测前应检查复合电极的可靠性，用电极标准缓冲溶液对酸度计进行校正，使用完毕须用蒸馏水冲洗电极并浸泡在饱和 KCl 溶液保存，检测用酸度计精确度要求为±0.01pH。

七、思考题

(1)为何需用甲醛处理样品？能否用其他试剂替代？

(2)若滴定终点突跃不明显，可能由哪些因素导致？如何改进？

(3)温度变化对电位滴定结果有何影响？实验中如何控制？

实验二十七　电位滴定法测定淀粉的酸度

一、实验目的

(1)掌握电位滴定法测定淀粉酸度的基本原理及操作技术。

(2)理解淀粉酸度的来源及其对品质评价的意义。

(3)学会通过滴定曲线确定终点，计算淀粉的酸度值。

(4)培养实验规范操作意识及数据分析能力。

二、实验原理

淀粉是葡萄糖分子聚合而成的，它是细胞中碳水化合物最普遍的储藏形式。淀粉是植物体中储存的养分，储存在种子和块茎中，各类植物中的淀粉含量都较高，可由玉米、甘薯、野生橡子和葛根等含淀粉的物质中提取而得。结构简式如下：

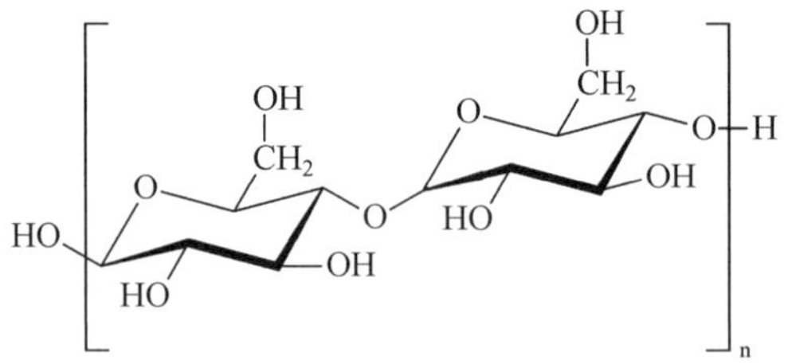

在淀粉的加工过程中，清洗不干净或洗涤不彻底，以及在储存过程中受微生物的作用，会使淀粉中含有部分酸性物质，使淀粉呈现一定的酸性。这些酸性物质主要有脂肪分解产生的脂肪酸、蛋白质降解产生的氨基酸、糖类分解产生的乳酸及醋酸等，以及从黄浆水中来的残余亚硫酸等物质。淀粉酸性物质含量偏高，将影响淀粉的储存及其深加工，因此酸度是淀粉产品质量中一项重要的指标。酸度是指淀粉中所含各种酸的总和，定义为中和 100 g 干淀粉中全部酸所消耗的 0.1 moL/L NaOH 的体积。淀粉酸度的测定一直沿用酚酞作为指示剂的酸碱滴定法，此法虽简便易行，但由于淀粉中的酸多为弱酸，滴定时淀粉乳中酸浓度很小；理论和实验都证实使用 0.1 mo/L NaOH 滴定淀粉样品，滴定曲线不会出现 pH 值突跃，不能准确反映出淀粉酸度定义的理论终点；再加上淀粉颗粒在滴定中以浊液的形式存在，使得酚酞指示剂变色不易辨认，易产生不可避免人为误差。

本实验采用电位滴定法测定淀粉酸度，通过 pH 电极实时监测滴定过程中溶液 pH 值的变化，绘制 pH－V(滴定剂体积)曲线，利用一阶导数法或二阶导数法确定滴定终点，计算酸度值(以消耗 NaOH 的当量表示)，重复性良好，同时操作更加简便。

三、实验仪器与试剂

1. 仪器

自动电位滴定仪、磁力搅拌器及搅拌子、分析天平(精度 0.000 1 g)、恒温水浴锅、移液管(25 mL)、容量瓶(250 mL)、烧杯(100 mL)。

2. 试剂

NaOH 标准滴定溶液：c_{NaOH}＝0.100 0 mol/L。

四、实验步骤

1. 电位滴定法测定淀粉的酸度

准确称取 5.00 g 淀粉样品(精确至 0.000 1 g)，转移至 250 mL 烧杯中。加入 100 mL蒸馏水，60 ℃水浴搅拌 30 min，使淀粉充分分散(若需快速溶解，可沸水浴糊化后冷却)。用干燥滤纸过滤，弃去初滤液，收集澄清滤液备用。

使用 pH 值分别为 4.00、6.86、9.18 的缓冲液校准电极，确保斜率在理论值的 95%～105%范围内，取 25.00 mL 滤液至 100 mL 烧杯中，加入磁力搅拌子，插入 pH 电极，记录初始 pH 值。

采用预设终点滴定，根据酚酞变色范围，设置仪器参数：预设滴定终点 pH 值为 8.3，预控点为 8.0，预控量为 40%，延时时间为 10 s，上机开始滴定；用 0.100 0 mol/L NaOH 标准滴定溶液缓慢滴定，每滴加 0.5 mL 记录一次 pH 值，接近终点时改为逐滴滴加(每滴0.1 mL)；当 pH 值突跃明显(一阶导数最大值或二阶导数过零点)时停止滴定，记录消耗的 NaOH 标准滴定溶液体积(V)，重复滴定 3～4 次。

同时做空白实验，用 25 mL 蒸馏水代替样品液，按相同步骤滴定，记录空白实验消耗的 NaOH 标准滴定溶液体积(V_0)。

2.计算公式

淀粉酸度以试样消耗 NaOH 标准滴定溶液的量(mmol/100 g)来表示。

$$x=\frac{(V-V_0)\times c_{NaOH}\times 100}{m_{样品}\times \frac{25}{250}}$$

式中 x——试样酸度,°T;

V——样品消耗 NaOH 标准滴定溶液的体积,mL;

V_0——空白实验消耗 NaOH 标准滴定溶液的体积,mL;

$m_{样品}$——样品的质量,g;

c_{NaOH}——NaOH 标准滴定溶液的浓度,mol/L。

五、注意事项

(1)取下电极保护帽后,应避免电极的敏感玻璃泡与硬物接触,因为任何破损或摩擦都会使电极失效。测量结束后及时套上电极保护帽,电极保护帽内应放少量外参比补充液,以保持电极球泡的湿润。

(2)电极应避免长期浸在蒸馏水、蛋白质溶液和酸性氟化物溶液中,滴定前确保 pH 电极校准准确,使用后清洗并存于 3 mol/L KCl 溶液中。若电极响应迟缓,可用 0.1 mol/L HCl浸泡活化。

(3)淀粉需充分分散或糊化,避免未溶解颗粒干扰电极响应;滴定速度需均匀,接近终点时应逐滴加入,避免过冲导致误差;空白实验与样品实验需同步进行,消除溶剂和试剂干扰。

六、思考题

(1)淀粉酸度测定中,为何需进行空白实验?若不做空白实验会如何影响实验结果?

(2)若滴定终点突跃不明显,可能的原因有哪些,如何优化实验条件?

(3)对比电位滴定法与指示剂法测定酸度的优缺点。

七、拓展应用

(1)讨论不同来源淀粉(如玉米、木薯、小麦)的酸度差异及其对食品加工的影响。

(2)探究储存条件(温度、湿度)对淀粉酸度变化的规律。

实验二十八　电位滴定法测定羧甲基纤维素钠含量

一、实验目的

(1)掌握电位滴定法测定羧甲基纤维素钠含量的基本原理及操作步骤。

(2)理解羧甲基纤维素钠的化学性质及取代度对滴定的影响。

(3)学会通过滴定曲线确定终点,计算羧甲基纤维素钠的含量或取代度。

二、实验原理

羧甲基纤维素钠简称 CMC－Na，是一种阴离子型纤维素醚，是葡萄糖聚合度为100～2 000的纤维素衍生物，其分子中的羧甲基（$—CH_2COO^-$）在酸性条件下可转化为羧酸基团（$—CH_2COOH$）。结构简式如下：

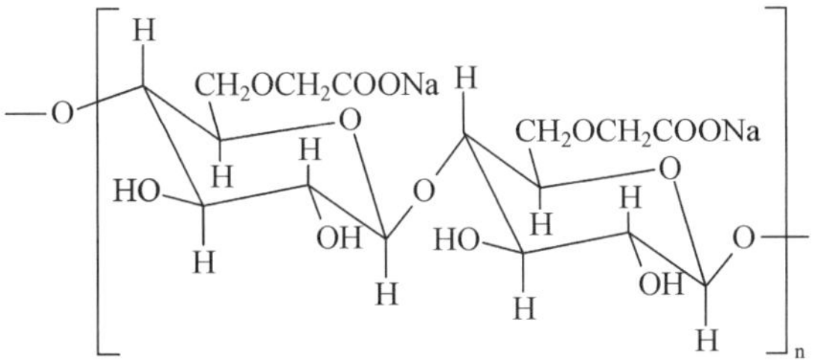

CMC－Na 通常为白色纤维状或颗粒状粉末，无臭，有吸湿性，溶于水，不溶于乙醇、乙醚和三氯甲烷。其是当今使用范围最广、用量最大的纤维素种类。CMC－Na 中的羧酸基团（$—COO^-$）在酸性条件下可以转化为—COOH，用 NaOH 标准溶液滴定未反应的过量 HCl 及释放的羧酸，通过电位变化确定总酸量，扣除空白后计算 CMC－Na 的含量。

$$R-O-CH_2COO^-Na^+ + HCl \longrightarrow R-O-CH_2COOH + NaCl$$

本实验采用自动电位滴定仪来测定 CMC－Na 含量。通过 pH 电极监测滴定过程中溶液 pH 的变化，绘制 pH－V（滴定剂体积）曲线，利用一阶导数法确定终点。

三、实验仪器与试剂

1. 仪器

自动电位滴定仪、pH 电极、移液管（25 mL）、容量瓶（100 mL）。

2. 试剂

高氯酸、冰醋酸、羧甲基纤维素钠粉末。

四、实验步骤

1. 样品预处理

称量：准确称取 0.5～1.0 g CMC－Na 样品（精确至 0.000 1 g），置于 250 mL 锥形瓶中。

酸化：加入 50.00 mL 0.1 mol/L HCl 标准溶液，60 ℃水浴振荡 30 min，使羧甲基完全酸化。

2. pH 计校准

用 pH＝4.00、6.86、9.18 缓冲液校准电极，确保斜率在理论值的 95%～105%范围内。

3. 电位滴定

初始 pH 值测定：将酸化后的样品冷却至室温，转移至滴定烧杯，加入磁力搅拌子，插入 pH 电极，记录初始 pH 值。

滴定操作：用 0.1 mol/L NaOH 标准滴定溶液缓慢滴定，每滴加 0.5 mL 记录一次 pH 值，接近终点时改为逐滴滴加(每滴 0.1 mL)。

终点判定：当 pH 突跃明显(一阶导数最大值或二阶导数过零点)时停止滴定，记录消耗的 NaOH 标准滴定溶液的体积(V)。

4.空白实验

用 50.00 mL 0.1 mol/L HCl 溶液(不加样品)，按相同步骤滴定，记录空白实验消耗的 NaOH 标准滴定溶液的体积(V_0)。

取适量样品(0.25 g)于 150 mL 锥形瓶中，加 50 mL 冰醋酸溶液，摇匀，加热回流 2 h，放冷后移至 100 mL 烧杯中，锥形瓶用 5 mL 冰醋酸洗涤 3 次，合并洗液于烧杯中，将烧杯置于滴定台上，插入电极和滴定头，设置好滴定参数，用标定好的高氯酸溶液滴定，仪器自动寻找终点，测量结束后记录终点体积。重复滴定 3～4 次，以 NaOH 标准滴定溶液的体积(V)为横坐标，pH 值为纵坐标绘制曲线，计算羧甲基纤维素的含量。

5.计算公式

$$w=\frac{(V_0-V)\times c_{\mathrm{NaOH}}\times M_{\mathrm{CMC-Na}}\times 100}{m_{样品}\times 100}\times 100\%$$

式中 w——羧甲基纤维素含量，%；

V_0——空白实验消耗 NaOH 标准滴定溶液的体积，mL；

V——样品消耗 NaOH 标准滴定溶液的体积，mL；

$M_{\mathrm{CMC-Na}}$——CMC-Na 的摩尔质量(根据取代度计算，通常取 242 g/mol)；

$m_{样品}$——样品的质量，g。

五、仪器参数

计量管体积：20 mL。

控制精度：1 L。

最小滴定体积：10 μL。

最大滴定体积：100 mL。

搅拌速度：200 r/min。

每滴间隔：1 000 ms。

六、注意事项

(1)实验过程中注意佩戴手套和护目镜，避免接触强酸(高氯酸、盐酸)和强碱(NaOH)。酸化过程需在通风橱中操作，避免吸入 HCl 蒸气。

(2)滴定前确保 pH 电极校准准确，使用后清洗并存于 3 mol/L KCl 溶液中。若电极响应缓慢，可用 0.1 mol/L HCl 浸泡活化。

(3)CMC-Na 需完全酸化，水浴时间不足会导致结果偏低。若样品溶解性差，可延长水浴时间或使用超声辅助分散。

(4)空白实验必须与样品实验同步进行，消除试剂误差。滴定速度需均匀，接近终点时逐滴加入，避免过冲。

七、思考题

(1)为何需通过酸化处理 CMC－Na 后再滴定？直接滴定是否可行？
(2)若用不同取代度的 CMC－Na 样品，对滴定结果有何影响？如何修正？
(3)比较电位滴定法与灰化法测定 CMC－Na 含量的优缺点。

八、拓展应用

(1)探究 CMC－Na 在食品、制药等领域中的应用与其取代度的关系。
(2)设计实验验证温度对 CMC－Na 酸解反应速率的影响。

实验二十九　电位滴定法测定玉米中纤维素含量

一、实验目的

(1)掌握电位滴定法间接测定玉米中纤维素含量的基本原理及操作技术。
(2)理解纤维素的水解反应及酸碱滴定法的定量关系。
(3)学会通过水解产物滴定计算纤维素含量。
(4)培养样品预处理、数据分析和误差控制的综合实验能力。

二、实验原理

纤维素是由葡萄糖组成的大分子多糖，是植物细胞壁的主要成分，通常与半纤维素、果胶和木质素结合在一起，是自然界中分布最广、含量最多的一种多糖，其结构式如下所示。

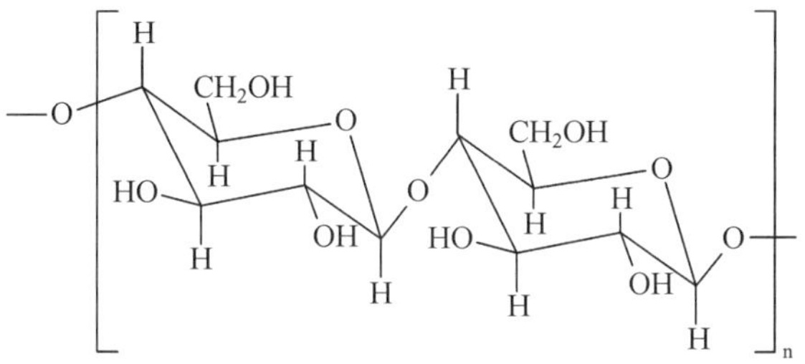

人体内没有纤维素酶，不能对纤维素进行分解和利用，纤维素可以吸附大量水分，促进肠蠕动，减少对肠道的刺激作用，从而可以预防肠癌。纤维素也是一种重要的膳食纤维，具有减肥的功效。玉米作为一种粗纤维食物，食用时也要根据营养学上对粗纤维的推荐摄入量为准，多吃反而会降低营养素的利用率，所以检测食物的纤维素含量具有重要意义。

三、实验仪器与试剂

1. 仪器

电位滴定仪、铂复合电极、马弗炉、离心机。

2. 试剂

醋酸硝酸混合液(体积比 1∶1)、硫酸(10%)、重铬酸钾溶液(0.1 mol/L)、碘化钾溶液(20%)、淀粉溶液(0.5%)、硫代硫酸钠溶液(0.5 mol/L)。

四、实验步骤

1. 电位滴定

称取约 0.1 g 玉米样品于 20 mL 试管中,加入 5 mL 醋酸硝酸混合液(体积比 1∶1),置于沸水浴中加热 25 min,冷却。将冷却后的溶液倒入 10 mL 离心管中,用 1 mL 醋酸硝酸混合液(体积比 1∶1)充分冲洗试管两次。在 6 000 r/min 转速下离心 10 min,弃去上清液,向离心试管中加入 5 mL 温水,使沉淀完全溶解后在相同条件下离心 10 min,重复操作 3 次。

向得到的沉淀中加入 10 mL 10%硫酸溶液和 10 mL 0.1 mol/L 的重铬酸钾溶液,摇匀后浸入沸水浴中加热 10 min,取出后倒入滴定杯中,用 5 mL 蒸馏水冲洗试管,共清洗 3 次,一并倒入滴定杯中。冷却后加入 5 mL 20%碘化钾溶液,1 mL 0.5%淀粉溶液,搅拌均匀后,按表 3.6 中参数用硫代硫酸钠滴定至终点,重复滴定 3~4 次。同时做空白实验。

2. 参数设置

滴定参数设置见表 3.6。

表 3.6 滴定参数

滴定参数	模式或数值	滴定参数	模式或数值
滴定模式	动态滴定	搅拌速度	5~10
电极平衡时间	4 s	预搅拌时间	6 s
电极平衡电位	1 mV	滴定速度	标准
最小添加体积	0.02 mL	预滴定添加体积	1 mL
结束体积	10 mL	预滴定搅拌时间	8 s
电位突跃量	1 000	预控 mV 值	无

3. 计算公式

$$w=\frac{(V_1-V_2)\times c}{24\times m}\times 100\%$$

式中 w——样品中纤维素的含量,%;

V_1——滴定样品消耗硫代硫酸钠溶液的体积,mL;

c——硫代硫酸钠溶液的浓度，mol/L；

V_2——滴定空白液消耗硫代硫酸钠溶液的体积，mL；

m——样品的质量，g；

24——1 mol $C_6H_{10}O_5$ 相当于硫代硫酸钠的当量数。

五、注意事项

(1)用水冲洗沉淀时注意不要将沉淀冲掉。

(2)转移溶液时充分冲洗试管，并将冲洗液一并倒入待测溶液中。

玉米中半纤维素和木质素可能部分水解生成还原糖，需通过空白扣除或改进预处理方法(如使用中性洗涤剂法分离纤维素)。

六、思考题

(1)为何选择硫酸作为水解催化剂？能否用盐酸替代？

(2)比较电位滴定法与 DNS 比色法测定纤维素的优缺点。

七、拓展应用

(1)探究不同品种玉米中纤维素含量的差异及其在饲料工业中的意义。

(2)优化水解条件(如酸浓度、温度、时间)对纤维素测定结果的影响。

实验三十　电位滴定法测定丝氨酸含量

一、实验目的

(1)学会利用电位滴定法测定丝氨酸含量的原理及方法。

(2)掌握电位滴定法的基本原理及操作技术。

(3)理解酸碱滴定中 pH 突跃与化学计量点的关系，培养严谨的实验操作习惯和数据分析能力。

二、实验原理

丝氨酸，又名 β－羟基丙氨酸和 L－2－氨基－3－羟基丙酸，化学式为 $C_3H_7NO_3$，为白色结晶或结晶性粉末，无臭，易溶水，在乙醇、丙酮或乙醚中几乎不溶。其结构简式如下：

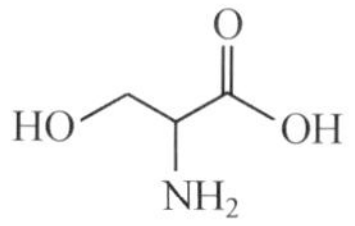

丝氨酸是一种中性脂肪族含羟基氨基酸，在细胞膜的制造加工、肌肉组织和包围神经细胞的鞘的合成、脂肪和脂肪酸的新陈代谢及肌肉的生长中发挥着作用。丝氨酸可以从大豆、酿酒发酵剂、乳制品、鸡蛋、乳白蛋白、豆荚、肉、坚果、海鲜、种子、乳清蛋白和全麦中获取的人体非必需氨基酸，是一种重要的精细化学品，广泛应用于医药、食品、化妆品等

行业。

精细化工产品有着严格的检测要求，在药典上有着明确的指标规定。本实验采用 NaOH 标准溶液滴定丝氨酸的羧酸基团(—COOH)。随着 NaOH 的加入，溶液的 pH 值逐渐升高，当达到羧基的化学计量点时，pH 值发生突跃。通过记录 pH 值随滴定体积的变化曲线(一阶导数法或二阶导数法)，可精确确定滴定终点，进而计算丝氨酸的含量。本方法重复性良好、突跃明显，能够快速、准确地测出丝氨酸含量。

三、实验仪器与试剂

1. 仪器

电位滴定仪、非水 pH 复合电极。

2. 试剂

丝氨酸样品(固体)、甲酸、冰乙酸、高氯酸标准滴定液(0.1 mol/L)。

四、实验步骤

1. 样品检测

准确称取 0.100 0 g 左右样品，置于滴定杯中，加入 1 mL 甲酸，轻轻摇动至溶解。加冰乙酸 50 mL，用高氯酸标准滴定液(0.1 mol/L)，以非水 pH 复合电极为工作电极，在 T960 上进行滴定至终点。同时做空白实验。每 1 mL 高氯酸标准滴定液(0.1 mol/L)相当于 10.51 mg 的丝氨酸。

2. 参数设置

滴定参数设置见表 3.7。

表 3.7 滴定参数设置

滴定参数	模式或数值	滴定参数	模式或数值
滴定模式	动态滴定	滴定速度	标准
电极平衡时间	4 s	相关系数	10.51
电极平衡电位	1 mV	搅拌速度	5～10 r/s
最小添加体积	0.02 mL	预滴定添加体积	0 mL
结束体积	30 mL	补液速度挡位	5
电位突跃量	300	滴定前平衡电位	10 mV

五、数据分析

滴定数据准确记录于表 3.8 中，并计算丝氨酸含量。

表 3.8 丝氨酸滴定结果

序号	样品质量 /g	高氯酸浓度/(mol·L^{-1})	滴定体积 /mL	丝氨酸含量/%	平均值
空白					
1					
2					
3					

六、注意事项

(1)使用后立即用去离子水冲洗电极,并浸泡于饱和 KCl 溶液中保存。
(2)接近终点时需缓慢滴定,避免过量导致误差。
(3)实验需在室温下进行,避免温度波动影响电极性能。

七、思考题

(1)为何选择电位滴定法而非指示剂法测定丝氨酸含量?
(2)若滴定终点突跃不明显,可能由哪些因素引起?如何改进?
(3)丝氨酸的等电点(pI≈5.68)对滴定过程有何影响?

八、实验拓展

可进一步设计对照实验,比较不同氨基酸(如甘氨酸、赖氨酸)的滴定曲线差异,分析其结构对酸碱性质的影响。

实验三十一 电位滴定法测定酪氨酸含量

一、实验目的

(1)了解电位滴定法测定酪氨酸含量的原理。
(2)掌握电位滴定法测定酪氨酸含量的方法。

二、实验原理

酪氨酸的化学名称为 2—氨基—3—对羟苯基丙酸,它是一种含有酚羟基的芳香族极性 α—氨基酸,为白色结晶性粉末,从水中结晶为针状或片状体。酪氨酸是人体的条件必需氨基酸和生酮生糖氨基酸。其结构简式如下:

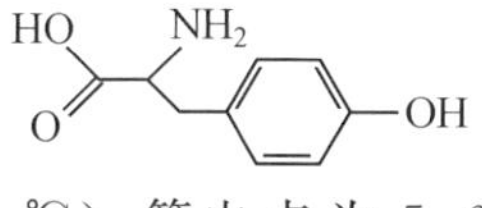

酪氨酸相对密度为 1.456(20 ℃),等电点为 5.66,对紫外线有吸收能力,在波长 274 nm处有最大光吸收,能还原磷钼酸—磷钨酸试剂(福林试剂)。熔点:左旋体缓慢加热时,在 290～295 ℃时分解,快速加热时,在 314～318 ℃时分解;消旋体在缓慢加热时,

在 290～295 ℃时分解，在快速加热时，在 340 ℃时分解。溶于水、乙醇、酸和碱，不溶于乙醚。

在药典中有详细的标准规定酪氨酸的一系列的理化指标，其中含量是检测的重要指标之一。本实验采用电位滴定的方法测定酪氨酸含量，通过监测滴定过程中溶液电位(或 pH 值)的变化确定滴定终点，适用于无色、浑浊或含多官能团物质的定量分析。本方法重复性良好、突跃明显，能够准确地测出酪氨酸含量。

三、实验仪器与试剂

1. 仪器

电位滴定仪、非水 pH 复合电极。

2. 试剂

酪氨酸样品(固体，分析纯)、甲酸、冰乙酸、高氯酸标准滴定液(0.1 mol/L)。

四、实验步骤

1. 样品检测

准确称取 0.15 g 酪氨酸样品(精确至 0.000 1 g)，加入 50 mL 去离子水，搅拌至完全溶解(若溶解困难，可适当加热后冷却至室温)后置于滴定杯中，加入 6 mL 甲酸，轻轻摇动。加冰乙酸 50 mL，用高氯酸标准滴定液(0.1 mol/L)，以非水 pH 复合电极为工作电极，在 T960 上进行滴定至终点。同时做空白实验。每 1 mL 高氯酸标准滴定液(0.1 mol/L)相当于 18.12 mg 的 $C_9H_{11}NO_3$。

2. 参数设置

滴定参数设置见表 3.9。

表 3.9 滴定参数设置

滴定参数	模式或数值	滴定参数	模式或数值
滴定模式	动态滴定	滴定速度	标准
电极平衡时间	4 s	相关系数	18.18
电极平衡电位	1 mV	搅拌速度	5～10 r/s
最小添加体积	0.02 mL	预滴定添加体积	0 mL
结束体积	30 mL	补液速度挡位	5
电位突跃量	150	滴定前平衡电位	10 mV

五、数据分析

滴定数据准确记录于表 3.10 中，并计算酪氨酸含量。

表 3.10　酪氨酸滴定结果

序号	样品质量/g	高氯酸浓度/($mol \cdot L^{-1}$)	滴定体积 /mL	酪氨酸含量/%	平均值
空白					
1					
2					
3					

六、注意事项

(1)酪氨酸微溶于冷水，若加热溶解需冷却至室温后再滴定，避免温度影响 pH 值；接近终点时需逐滴加入，避免过量导致酚羟基干扰。

(2)确保 pH 值与对应体积同步记录，突跃区数据需密集采集。

(3)实验后立即用去离子水冲洗电极，并浸泡于饱和 KCl 溶液中保存。

七、思考题

(1)酪氨酸的酚羟基是否会影响羧基的滴定结果？如何验证？

(2)若实验中出现两个 pH 值突跃，分别对应哪些官能团的反应？

(3)比较酪氨酸与丝氨酸的滴定曲线差异，分析结构对滴定行为的影响。

八、实验拓展

(1)设计实验探究温度对酪氨酸溶解度及滴定结果的影响。

(2)尝试使用水溶剂(如 NaOH 溶液)滴定酚羟基，对比与非水相滴定的差异。

实验三十二　电位滴定法测定玉米中的脂肪酸值

一、实验目的

(1)掌握电位滴定法测定玉米制品中脂肪酸值的原理与方法。

(2)理解脂肪酸值的定义及其对谷物品质评价的意义。

(3)培养学生严谨的科学态度和实验技能，提高分析问题与解决问题的能力。

二、实验原理

玉米是我国主要的粮食作物之一，也是主要的储备粮食品种之一。其胚芽部约占全籽粒体积的三分之一，约含有整粒玉米中 80%的脂肪。在储存过程中会发生一系列化学变化，主要是产生酸性物质，例如脂肪水解成脂肪酸、蛋白质分解为氨基酸等，所以根据酸值的变化可以有效地判断粮食的变化程度，确定粮食品质的好坏。脂肪酸值是指中和 100 g 谷物碾磨制品(干基)中游离脂肪酸所需 KOH 的质量(mg)，以 KOH mg/100 g 干基表示。

在玉米储存过程中，通常将玉米脂肪酸值作为玉米储藏品质判定的重要指标之一。目前测定脂肪酸值的方法主要有手工滴定法、电位滴定法、分光光度法、色谱法和近红外法等。各粮油检测机构测定玉米脂肪酸值大多采用《玉米储存品质判定规则》(GB/T 20570—2015)中2所述的手工滴定法，通过颜色变化人为判断滴定终点，这就造成了不同实验室（温湿度、设备差异）、不同实验人员（实验人员对颜色的判别能力、操作手法有区别）、不同天气等造成测定结果产生很大差异的情况。另外，因玉米存在天然玉米黄色素，测定脂肪酸值时样品提取液色泽较深，给人为判断滴定终点带来很大的干扰。

本实验采用电位滴定法，利用酸碱中和反应，通过滴定过程中电位的变化确定滴定终点，从而计算出玉米中的脂肪酸值。在滴定过程中，KOH标准溶液与玉米中的游离脂肪酸发生中和反应，当反应达到化学计量点时，溶液的电位发生突跃，据此可确定滴定终点。相比于手工滴定的方法，该方法不通过判断终点的颜色来确定终点，因此减少了玉米提取液中颜色对滴定终点颜色判断的影响，使终点判断更为方便，既提高了工作效率，又保证了实验数据的重复性，使实验数据更加准确。

三、实验仪器与试剂

1. 仪器

电位滴定仪、非水pH复合电极。

2. 试剂

KOH—乙醇溶液(0.01 mol/L)、95%乙醇。

四、实验步骤

1. 玉米面脂肪酸值测定

按照《谷物碾磨制品　脂肪酸值的测定》(GB/T 15684—2015)中10所述分析步骤处理样品，取制备完毕的试样10.00 g左右，加入滴定杯中，用移液管加入50 mL 95%乙醇溶液，用封口膜封闭杯口，磁力搅拌30 min，静置1～2 min，在玻璃漏斗上放入折叠式滤纸，弃去最初的几滴滤液，收集25 mL以上滤液放于滴定杯中，加盖备用。取滤液25 mL，加入50 mL蒸馏水，用KOH—乙醇标准溶液(0.01 mol/L)滴定至终点。

2. 玉米糁脂肪酸值测定

按照《谷物碾磨制品　脂肪酸值的测定》(GB/T 15684—2015)中8试样制备中操作步骤处理样品，取制备完毕的试样5.00 g左右，加入离心试管中，用移液管加入30 mL 95%乙醇溶液，磁力搅拌1 h，在离心机上以速度4 000 r/min离心5 min，取20 mL上清液，补充30 mL乙醇溶液，用KOH—乙醇标准溶液(0.01 mol/L)滴定至终点。

3. 计算公式

(1)玉米面

$$A_K = \frac{(V_1 - V_0) \times c \times 56.1 \times 50}{25(100 - w)} \times \frac{100}{m} \times 100$$

式中　A_K——脂肪酸值，以中和 100 g 干物质试样中游离脂肪酸所需 KOH 的质量表示，mg/100 g；

V_1——滴定样品液时消耗 KOH－乙醇标准溶液的体积，mL；

V_0——空白试验时消耗 KOH－乙醇标准溶液的体积，mL；

c——KOH 标准溶液的浓度，mol/L；

m——样品的质量，g；

w——100 g 样品中含水分的质量，g。

(2)玉米糁

$$A_K = \frac{(V_1 - V_0) \times c \times 8\ 415 \times 100}{(100 - w) \times m}$$

式中　A_K——脂肪酸值，以中和 100 g 干物质试样中游离酸所需 KOH 的质量表示，mg/100 g；

V_1——滴定样品液时消耗 KOH－乙醇标准溶液的体积，mL；

V_0——滴定空白试验时消耗 KOH－乙醇标准溶液的体积，mL；

w——100 g 样品中含水分的质量，g；

8 415——用 KOH 表示的常数，即 56.1×1.5×100。

五、注意事项

(1)实验中使用的部分试剂具有腐蚀性的化学物质，如 KOH、95%乙醇等，操作时应佩戴防护手套、护目镜等个人防护装备，避免试剂接触皮肤和眼睛。KOH－乙醇标准溶液应现用现配，放置时间过长会影响其浓度的准确性。

(2)滤液需快速过滤并立即滴定，避免乙醇挥发导致浓度变化；振荡时间需严格控制在 30 min，确保脂肪酸充分浸提出来；温度对 pH 值有影响，实验需在 25 ℃左右进行。

(3)滴定时应注意控制滴定速度，尤其是在接近滴定终点时，要逐滴加入 KOH－乙醇标准溶液，并充分振荡锥形瓶，确保反应完全。

(4)pH 计在使用前应进行校准，以保证测量结果的准确性。

六、思考题

(1)为何选用无水乙醇作为浸提剂？能否用其他溶剂替代？

(2)电位滴定法与传统指示剂法相比有何优势？

(3)样品粉碎过程中若发热会对结果产生什么影响？

实验三十三　电位滴定法测定蛋氨酸含量

一、实验目的

(1)掌握电位滴定法测定蛋氨酸含量的原理及操作方法。

(2)熟悉非水溶剂中氨基酸的滴定特性及国家标准对饲料级蛋氨酸的质量要求。

(3)培养学生规范操作电位滴定仪、准确处理实验数据的能力

二、实验原理

蛋氨酸又名甲硫氨酸，是蛋氨酸的左旋体，化学式为 $C_5H_{11}NO_2S$，其为白色薄片状结晶或结晶性粉末，有特殊气味，味微甜；熔点 280～281 ℃(分解)；有旋光性(有手性碳原子)；对热及空气稳定，对强酸不稳定，可导致脱甲基作用；溶于水(3.3 g/100 mL，25 ℃)、稀酸和稀碱；极难溶于乙醇，几乎不溶于乙醚。结构式如下：

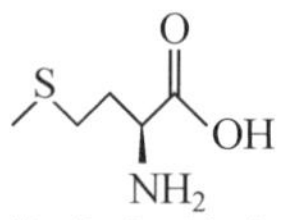

蛋氨酸是含硫必需氨基酸，与生物体内各种含硫化合物的代谢密切相关。当缺乏蛋氨酸时，会引起食欲减退、生长减缓或不增加体重、肾脏肿大和肝脏铁堆积等现象，最后导致肝坏死或纤维化。蛋氨酸羟基类似物可在动物体内转化为蛋氨酸并发挥其营养作用。此外，它还可用作反刍动物的过瘤胃蛋白源和仔猪日粮的酸化剂，能抑菌杀菌、减少热应激，并可减少氮的排泄，保护环境。另外蛋氨酸是蛋禽饲料中的重要氨基酸，可以有效提高产蛋率。因此测定其含量将为饲料配比提供依据。

蛋氨酸分子中的氨基($-NH_2$)在非水溶剂(冰醋酸)中具有弱碱性，可通过高氯酸($HClO_4$)的冰醋酸标准溶液直接滴定。反应方程式如下：

$$CH_3SCH_2CH_2CH(NH_2)COOH + HClO_4 \rightarrow CH_3SCH_2CH_2CH(NH_3^+)COOH \cdot ClO_4^-$$

本实验采用电位滴定法，通过监测滴定过程中溶液电位的变化，利用电位突跃点确定滴定终点，避免传统指示剂法的颜色干扰，适用于深色或浑浊样品的分析。对比传统颜色判定重点方法，更为准确可靠。

三、实验仪器与试剂

1. 仪器

自动电位滴定仪、玻璃电极、甘汞电极、电热鼓风干燥箱。

2. 试剂

高氯酸－冰醋酸标准溶液(0.1 mol/L，需密封避光保存)、冰醋酸(分析纯)、蛋氨酸标准品(纯度≥99%)、结晶紫指示剂(0.5%冰醋酸溶液，辅助终点观察)、甲酸(分析纯，用于助溶难溶样品)。

四、实验步骤

1. 样品预处理

若样品为固体，取约 5.00 g 样品(精确至 0.000 1 g)研磨至均匀细粉，按《饲料级 DL－蛋氨酸》(GB/T 17810—2009)要求测定水分含量(用于干基计算)。精确称取 0.15～0.20 g试样(精确至 0.000 1 g)，加入 10 mL 冰醋酸溶解(若难溶可加入 1～2 滴甲酸助溶)。

2. 电位滴定

开机预热 30 min，按电位滴定仪说明书校准电极，确保仪器稳定。用蛋氨酸标准品进行预滴定，验证仪器参数（滴定速度、终点判定阈值）。

将溶解后的试样溶液转移至滴定杯中，加入 20 mL 冰醋酸。插入电极，启动磁力搅拌器（转速适中，避免溶液产生气泡）。用 0.1 mol/L 高氯酸—冰醋酸标准溶液滴定，记录电位变化曲线。当电位突跃最大时判定为终点，记录消耗的高氯酸体积（V_1，单位：mL）。

用等量冰醋酸代替样品溶液，按相同步骤滴定，记录空白体积（V_0，单位：mL）。

3. 计算公式

$$w=\frac{c(V_1-V_0)\times 0.0746}{m}\times 100\%$$

式中　w——样品中蛋氨酸的含量，以干基计，%；

V_1——滴定试样时消耗的硫代硫酸钠标准滴定溶液的体积，mL；

c——硫代硫酸钠溶液的浓度，mol/L；

V_0——空白试验消耗的硫代硫酸钠标准滴定溶液的体积 mL；

m——试样的质量，g；

0.074 6——与 1.00 mL 硫代硫酸钠标准滴定溶液[$c(Na_2S_2O_3)=(1.000\ mol/L)$]相当的、以 g 表示的蛋氨酸的质量，g/mmol。

五、注意事项

（1）蛋氨酸易吸潮，需快速称量；加热溶解后必须冷却至室温，避免温度影响 pH 值。

（2）高氯酸为强氧化剂，冰醋酸具有强腐蚀性，操作需在通风橱中进行，佩戴防护手套和护目镜。废液需分类收集（含高氯酸的废液需中和后处理）。

（3）样品溶解需完全，必要时可微热（≤50 ℃）促进溶解，但需冷却至室温后滴定；电极使用后立即用无水乙醇清洗，避免冰醋酸残留损坏电极膜。

六、思考题

（1）蛋氨酸的硫醚基团是否会影响羧基的滴定？如何验证？

（2）为何选择冰醋酸作为溶剂？若溶剂中含水分可能对滴定结果产生何种影响？

（3）电位滴定法终点判定的依据是什么？与传统指示剂法（如结晶紫）相比有何优势？若样品中含有其他碱性物质（如铵盐），应如何消除干扰？

七、实验拓展

（1）参考《食品安全国家标准　食品中氨基酸的测定》（GB 5009.124—2016），设计蛋氨酸与胱氨酸的联合测定实验。

（2）探究不同离子强度对蛋氨酸滴定终点的影响（如添加 NaCl 溶液）。

第 4 章　色谱分析实验

4.1　常用仪器的使用和维护

4.1.1　高效液相色谱仪

1. 仪器原理

高效液相色谱仪是一种使用高压液流动相进行分离的仪器。它通过将样品溶解于流动相中，并通过固定的填充物（也称为固定相或色谱柱）对样品进行分离、分析和量化。高效液相色谱仪在化学、生物、制药和环境科学等领域中被广泛应用。

高效液相色谱仪是基于液相色谱技术的基本原理，即根据样品分子与固定填充物相互作用的不同来实现分离。其主要原理包括以下几个方面。

（1）选择合适的流动相。

根据待分离的样品性质和色谱柱的特性选择合适的流动相。流动相可以是有机溶剂、水或其他溶液。样品溶解于流动相中形成溶液。

（2）选择合适的固定相。

固定相是填充在色谱柱中的材料，一般为高吸附剂，如硅胶或 C18 烷基硅胶。样品与固定相之间通过吸附、分配、离子交换等作用进行分离。

（3）控制流动相的压力。

高效液相色谱仪通过泵来控制流动相的压力，一般为 1 000～6 000 psi（1 psi＝6.89 kPa）。高压可以加快流动相的速度，从而缩短分离时间。

（4）监测分离过程。

高效液相色谱仪可以使用不同的检测器来监测分离过程，如紫外－可见检测器、荧光检测器、电化学检测器等。这些检测器可根据不同的样品性质选择合适的检测方式。

（5）数据处理和结果分析。

高效液相色谱仪通过计算机软件来进行数据处理和结果分析。用户可以根据需要选择不同的分析参数，如峰面积、峰高度、保留时间等。

2. 使用说明

（1）准备工作。

首先检查仪器的各项参数是否正常，如流速、温度、压力等。确保流动相和溶剂的纯度和质量。

（2）样品准备。

样品根据需要进行预处理，如固态样品需研磨成粉末，液态样品需稀释或浓缩。确保样品的溶解度和稳定性。

(3)选择合适的色谱柱和填充物。

根据样品特性、分析目的和分离需求选择合适的色谱柱和填充物。不同的填充物对样品分离效果和分离时间会有不同影响。

(4)设置流动相条件。

根据样品性质和实验要求设置合适的流速、温度、梯度和压力。流速过快可能导致分离不完全，流速过慢则会延长分离时间。

(5)校准和标定。

在进行实验之前，根据标准品进行系统的校准和标定。这样可以保证分析结果的准确性和可靠性。

(6)样品进样。

将样品溶解液通过自动进样器或手动方式进入色谱柱。注意避免泡沫和气泡的产生，以保证溶液的质量和稳定性。

(7)监测分离过程。

根据样品的特性和需要选择合适的检测器对分离过程进行监测和记录。

(8)数据处理和结果分析。

通过计算机软件进行数据处理和结果分析。可根据分析需要选择合适的分析参数和方法。

3. 注意事项

(1)安全操作。

使用高效液相色谱仪时，应注意操作过程中的安全问题。避免接触有毒溶液，避免尖锐物品的刺伤，保持实验室清洁和整洁。

(2)流动相的选用。

流动相中的溶剂要求纯度高，最好使用高纯度的有机溶剂和超纯水。避免使用含有杂质的溶剂，以免影响分离效果。

(3)色谱柱的保养。

色谱柱在使用过程中需注意保养和清洗。定期检查色谱柱的状态，如是否会延长分离时间。应根据样品性质和实验要求选择合适的流速。

(4)标定和校准。

在进行实验之前，应进行系统的校准和标定。这样可以保证分析结果的准确性和可靠性。

(5)泵的维护。

高压泵是高效液相色谱仪的核心部件，需要定期进行维护和保养。应根据仪器使用说明书进行操作和维护。

4. 仪器维护

(1)色谱柱的保养。

色谱柱在使用过程中应避免受到物理撞击和高温，避免暴露在阳光直射下。使用后应及时进行逆向清洗和恢复，避免样品残留。

(2)检测器的维护。

检测器的光源和探测器的位置需要定期校准和维护，避免灰尘和杂质进入检测器内部。

(3)泵的维护。

高压泵是色谱仪的核心设备，需要定期进行检查和维护。根据仪器使用说明书进行操作和维护。

(4)维护记录和保养计划。

建立设备维护记录和保养计划，定期进行设备检查和维护。记录设备的使用情况和故障情况。

(5)常规维护和保养。

定期对高效液相色谱仪进行常规维护和保养，如清洗色谱柱、进样器、校准检测器和更换液压装置等。

4.1.2 气相色谱仪

1. 仪器原理

气相色谱仪(gas chromatograph，GC)是一种用于分析样品中化学物质成分的仪器。气相色谱的主要原理是通过物质在固定相上的吸附和解吸过程以及在液体固定相上的物质分配系数差异实现的。其主要包括样品的进样与挥发、色谱柱、载气及检测器四个组成部分。

2. 使用说明

(1)样品准备。

样品的制备方式根据不同的分析目的和样品性质可能会有所不同，一般包括样品的提取、浓缩、净化等步骤。

(2)进样。

气相色谱仪通常配备了自动样品进样系统，可以通过设置参数来控制进样量。确保样品进样量适中，避免柱塞堵塞或过载。

(3)选择适当的载气。

可以根据样品的性质和分析目的来选择载气，常用的载气有氮气、氢气、氦气等。载气的质量和流速都会影响分析结果，需要根据实际情况进行调整。

(4)连接检测器。

常用的检测器有 FID(氢火焰离子化检测器)、TCD(热导检测器)、ECD(电子捕获检测器)等。检测器的选择要根据分析目的和样品属性来确定。设置色谱程序。色谱程序是控制载气流速、柱温及检测器参数的一系列参数设置。根据不同的样品和分析目的，可以设置不同的温度梯度或保持柱温不变。

(5)色谱图谱。

通过检测器接收样品在柱子中分离后的信号，利用色谱软件进行信号处理和数据分析，得到样品中各组分的峰面积或峰高，进而进行定性定量分析。

3. 注意事项

(1)操作者必须熟悉仪器的使用方法和注意事项，并进行必要的安全培训。

(2)在操作过程中，要严格遵守实验室的安全规定，避免接触有毒有害物质，保持良好的通风条件。

(3)仪器的操作要规范，遵循操作步骤，避免误操作或疏忽导致仪器故障或样品受污染。

(4)需要定期校准仪器，检查仪器的性能参数是否满足要求，并进行必要的维护和保养，以确保仪器的正常运行。

(5)在进行样品分析时，要选择合适的色谱柱和检测器，保证对目标成分进行有效的分离和检测。

4. 仪器维护

气相色谱仪的维护包括日常维护和定期维护两部分。

日常维护主要包括以下几个方面：

(1)对仪器的外部进行清洁和消毒，确保操作环境的卫生。

(2)定期检查仪器的电源、通风系统、气路系统等，确保各部分的正常工作。

(3)定期更换色谱柱和样品进样针等易损耗部件，避免因部件老化影响分析结果。

(4)遵循标准操作程序，减少对仪器造成的机械振动和冲击。

定期维护主要包括以下几个方面：

(1)定期检查仪器的性能参数，如进样精度、分离效果、检测灵敏度等，根据检查结果进行必要的调整和校准。

(2)定期对仪器的内部进行检查和清洁，包括柱子的更换和清洗、零件的润滑、检测器的清洗等。

(3)定期检查仪器的安全装置和控制系统，确保操作的安全性和稳定性。

气相色谱仪是一种用于分析样品中化学物质成分的重要仪器，具有准确、精密、高效的特点。运用气相色谱仪分析样品可以获得更加准确的结果。为了保证气相色谱仪的正常运行，操作人员需要掌握其原理、使用说明、注意事项及维护方法，并定期进行维护和保养。只有在正确操作和维护的情况下，才能最大限度地发挥气相色谱仪的性能。

4.2　基本操作实验

实验三十四　高效液相色谱法测定果汁中的有机酸

一、实验目的

(1)熟悉样品前处理流程及色谱条件优化方法,掌握有机酸样品的处理方法和操作。

(2)掌握高效液相色谱法测定果汁中有机酸(如柠檬酸、苹果酸等)的原理及操作方法。

(3)掌握高效液相色谱法进行定性及定量分析的基本方法。

二、实验原理

果蔬及其制品、各种酒类、乳及乳制品中的主要有机酸在水溶液中有较大的离解度,在酸性条件下可通过反相高效液相色谱法进行分离和定量分析。此外,还可采用反相高效液相色谱、离子交换色谱、离子排斥色谱等多种液相色谱方法分析。

本实验按反相高效液相色谱设计,果汁样品经过处理、离心及超滤,在酸性(如 pH 值为 2~5)流动相条件下,果汁有机酸的离解得到抑制,利用分子状态的有机酸的疏水性,用 C—18 反相柱和磷酸盐缓冲溶液作为流动相,在紫外波长 210 nm 附近定量测定。

基于不同有机酸在反相色谱柱(C_{18}柱)中的保留行为差异,通过调节流动相(如磷酸盐缓冲液)的 pH 值和比例实现分离。有机酸在紫外检测器(检测波长为 210 nm 左右)或示差折光检测器(RID)下响应,根据保留时间定性,根据峰面积或峰高定量。

三、实验仪器与试剂

1. 仪器

(1)带紫外检测器的高效液相色谱仪。

(2)超声波清洗器,用于样品溶解、流动相脱气、玻璃器皿清洗。

2. 试剂

苹果酸和柠檬酸标准溶液:准确称取优级纯苹果酸和柠檬酸,用蒸馏水分别配制 1 000 mg/L的浓溶液,使用时用蒸馏水或流动相稀释 5~10 倍。用两种有机酸的浓溶液配制它们的混合溶液(各含 100~200 mg/L)。磷酸二氢铵溶液(4 mmol/L):称取分析纯或优级纯磷酸二氢铵,用蒸馏水配制,然后用 0.45 μm 水相滤膜减压过滤。苹果汁:市售苹果汁用 0.45 μm 水相滤膜减压过滤后,置于冰箱中冷藏保存。

四、实验步骤

1. 样品预处理

取苹果汁样品 10 mL,用蒸馏水稀释至 50 mL(若溶液混浊,需以 8 000 r/min 离心的速度，10 min 后取上清液）；用 0.45 μm 水相滤膜，弃去初滤液，收集续滤液备用。

2. 标准溶液配制

混合标准储备液：分别精确称取柠檬酸、苹果酸各 0.1 g（精确至 0.000 1 g），用超纯水溶解并定容至 100 mL，配制成 1 mg/mL 的混合标准储备液。

标准系列溶液：用超纯水逐级稀释储备液，配制浓度梯度为 0.05、0.1、0.2、0.5、1.0 mg/mL的标准系列溶液。

3. 色谱条件设置

按仪器操作说明书规定的顺序依次打开仪器各单元的电源。有的仪器需要先打开工作站电源并启动系统软件，并使仪器处于工作状态。设置好分析条件及数据处理的有关参数。

参考条件如下：Zorbax ODS 色谱柱（4.6 mm×150 mm）；0.02 mol/L 磷酸二氢铵水溶液作流动相（pH 2.5，用磷酸调节），流速 1.0 mL/min；柱温 30～40 ℃；紫外检测波长 210 nm；进样量 10 μL。

4. 测定与分析

（1）系统平衡。

流动相平衡色谱柱至基线稳定（约 30 min）。

（2）标准曲线绘制。

待基线稳定后，依次进样苹果酸和柠檬酸标准溶液，记录色谱图，以峰面积（或峰高）为纵坐标，浓度为横坐标绘制标准曲线。

（3）样品测定。

进样处理后的果汁样品，根据保留时间定性，根据峰面积定量。与苹果酸和柠檬酸标准溶液色谱图比较即可确认苹果汁中苹果酸和柠檬酸的峰位置。如果分离不完全，可适当调整流动相浓度或流速。

设置好定量分析程序。用苹果酸和柠檬酸混合标准溶液分析结果建立定量分析表或计算校正因子。按上述操作进样苹果汁样品两次，如果两次定量结果相差较大（如 5%以上），则再进样一次，取 3 次的平均值。

（4）空白试验。

用超纯水代替样品进行测定，扣除背景干扰。

五、数据记录和处理

将苹果汁中有机酸的检测数据填入表 4.1，并分析结果。

表 4.1　苹果汁中有机酸的检测数据

成 分	保留时间/min	各次测定值/(mg·L^{-1})	平均值/(mg·L^{-1})
苹果酸			
柠檬酸			

六、注意事项

(1)磷酸具有腐蚀性,配制流动相时需佩戴手套和护目镜;废液需分类收集,含有机溶剂的废液需统一处理。

(2)色谱柱的个体差异很大。即使是同一厂家的同型号色谱柱,性能也会有差异,因此色谱条件(主要是流动相配比)应根据所用色谱柱的实际情况做适当的调整。

(3)流动相需超声脱气 15 min,避免气泡影响色谱柱和检测器;样品需完全溶解且过滤,避免颗粒物损坏色谱柱;色谱柱使用后需用高比例水相(如 90%水+10%甲醇)冲洗 30 min,防止盐析出堵塞柱头。

七、思考题

(1)为何选择 210 nm 作为检测波长?其他波长是否可行?

(2)流动相中磷酸盐的作用是什么?pH 值对分离效果有何影响?

(3)若样品中同时含有多种有机酸,如何优化色谱条件以提高分离度?

实验三十五　高效液相色谱法测定饮料中的咖啡因含量

一、实验目的

(1)掌握高效液相色谱法定性及定量分析的基本方法。

(2)掌握标准曲线法(外标法)定量分析的方法。

(3)掌握 UV 检测器的工作原理及应用范围。

二、实验原理

咖啡因是茶叶中苦味的来源,也是茶叶的特征性成分。咖啡因在鲜茶叶中的含量为 2%~5%,在咖啡中的含量为 1.2%~1.8%,属黄嘌呤衍生物,化学名称为 1,3,7－三甲基黄嘌呤,白色、无臭和苦味,易溶于水和乙醇,在光和热条件下也比较稳定。咖啡因能兴奋大脑皮层,使人精神兴奋。可乐饮料、阿司匹林片等中均含咖啡因。其分子式为 $C_8H_{10}N_4O_2$,结构式如下:

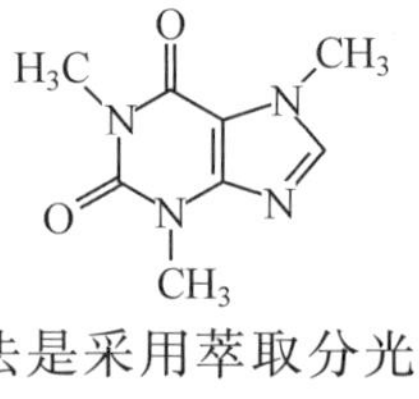

定量测定咖啡因的传统分析方法是采用萃取分光光度法。用反相高效液相色谱法将饮料中的咖啡因与其他组分(如单宁酸、咖啡酸、蔗糖等)分离后,使已配制的浓度不同的咖啡因标准溶液也进入色谱系统。如流速和泵的压力在整个实验过程中是恒定的,测定它们在色谱图上的保留时间 t_R(或保留距离)和峰面积 A 后,可直接用 t_R 定性,用峰面积作为定量测定的参数,采用工作曲线法(即外标法)测定饮料中的咖啡因含量。

三、实验仪器与试剂

1. 仪器

高效液相色谱仪，UV(254 nm)检测器；色谱柱：ODS(n－C_{18})柱；超声波发生器或水泵；微量注射器(20 μL)。

2. 试剂

咖啡因标准试剂；待测饮料试液；流动相：20％甲醇＋80％水，1 L。制备前，先调节水的 pH≈3.5，进入色谱系统前，用超声波清洗器或水泵脱气 5 min。

四、实验步骤

(1)标准储备液的配制(1 mg/mL)。准确称取烘干后的咖啡因标准试剂 100.0 mg，用去离子水溶解，转入 100 mL 容量瓶中，稀释至刻度。

(3)用标准储备液配制浓度分别为 25、50、75、100、125 μg/mL 的系列标准溶液。

(3)启动泵，打开检测器，设置泵的流速为 1.0 mL/min，进样量为 10.0 μL，检测波长 275 nm，柱温为室温。打开工作站，待基线稳定后，按照浓度由低到高的顺序进咖啡因标准样。仪器自动开始采集、保存数据。

(4)标准曲线绘制。分别进样不同浓度的咖啡因标准溶液，记录各峰面积，以峰面积为纵坐标，浓度为横坐标绘制标准曲线。

(5)检测饮料样品中的咖啡因，记录咖啡因的峰面积，根据标准曲线计算样品中咖啡因的含量。

(6)记录所有色谱图、峰面积及计算结果，进行数据分析。

(7)实验结束后，用纯甲醇清洗色谱柱及进样器，关闭仪器。

五、数据记录和处理

(1)准确测定不同浓度标准溶液的保留时间(即从进样标记到色谱峰顶端的时间)，采用液相色谱法对标样进行分析。在色谱图中，进样信号与色谱峰极大值之间的距离即为保留时间。

(2)根据标准试样色谱图中的保留时间填入表 4.2 中，找到并标出待测饮料色谱图中相应咖啡因色谱峰高度和面积。

(3)用系列标准溶液的数据作面积 A 对质量浓度 ρ(mg/mL)的工作曲线，并计算回归方程。

(4)将待测饮料的峰面积代入回归方程，从工作曲线上求得待测饮料中咖啡因的质量浓度(mg/mL)。

表 4.2 标准溶液及待测饮料色谱数据

标准溶液 /(μg·mL^{-1})	保留时间 t_R /min	色谱峰面积 S /(mAU·min)	色谱峰高度 H /mAU
25			
50			
75			
100			
125			
待测饮料			

六、注意事项

(1)不同的饮料中咖啡因含量不大相同,称取的样品量可酌量增减。
(2)若样品和标准溶液需保存,应置于冰箱中冷藏。
(3)为获得准确的测量结果,标准溶液和待测饮料的进样量要严格保持一致。

七、思考题

(1)标准曲线法定量测量的优缺点是什么?
(2)根据咖啡因的结构,请说明不能采用离子交换色谱法分析咖啡因的原因。

实验三十六 高效液相色谱法测定饮料中人工色素含量

一、实验目的

(1)掌握高效液相色谱仪测定饮料中人工合成色素的原理及操作方法。
(2)熟悉样品前处理流程(聚酰胺吸附法)及色谱条件优化技巧。
(3)学习高效液相色谱仪操作、数据处理及结果分析,培养食品安全检测能力。

二、实验原理

食品着色剂是以给食品着色为主要目的的添加剂,也称食用色素。食品着色剂分为天然色素和人工合成色素,其中人工合成色素由于具有色泽艳丽、性质稳定、着色力强、配色方便和价格低廉等优点,在食品生产、加工行业中被广泛应用。

大量的研究报告指出,过多地食用人工合成色素不仅不能向人体提供营养物质,某些人工合成色素甚至会危害人体健康,导致生育力下降、畸胎等,有些色素在人体内可能转换成致癌物质。危害包括致泻性、致突性(基因突变)与致癌作用等。因此,食品中人工合成色素有着严格的控制使用范围和最大使用量,其测定具有重要意义。

目前,人工合成色素的检测方法有高效液相色谱法、薄层色谱法、示波极谱法、高效液相色谱一质谱联用法、光度法、毛细管电泳法。其中运用最广泛的是高效液相色谱法。与其他方法相比，高效液相色谱法大幅度改善了分析速度、分离度、样品通量和灵敏度，目前该技术已在食品安全、环境分析、药物开发等领域得到应用。高效液相色谱分离是利用试样中各组分在色谱柱中的淋洗液和固定相间的分配系数不同，当试样随着流动相进入色谱柱中后，组分就在两相间进行反复多次的分配（吸附一脱附一放出），由于固定相对各种组分的吸附能力不同（即保存作用不同），因此各组分在色谱柱中的运行速度就不同，经过一定的柱长后，便彼此分离，按流出顺序离开色谱柱进入检测器，产生的离子流信号经放大后，在显示器上描绘出各组分的色谱峰。

三、实验仪器与试剂

1. 仪器

高效液相色谱仪。

2. 试剂

甲醇、乙酸铵、饮料样品。

四、实验步骤

1. 色谱条件

色谱柱：Agilent XDB－C18 色谱柱（4.6 mm × 250 mm，5 μm）。流动相：0.02 mol/L乙酸溶液（A）、甲醇（B）；柱温为 30 ℃。梯度洗脱程序为 0～5.0 min，20%B～35% B；5.0～10.0 min，35% B～98% B；10.0～12.0 min，98% B；12.0～13.0 min，98%B～20%B；13.0 min～15.0 min，20%B；检测波长为 484 nm。

2. 标准液制备及标准曲线制备

单标储备液（500 mg/L）：精密称取各色素（如柠檬黄、克莱红、胭脂红、日落黄、亮蓝等）标准品，用去离子水溶解定容。

混合标准系列：稀释储备液至 3.0、5.0、10.0、20.0、50.0、80.0 mg/L。

分别取该标准溶液 2、4、6、8、10 μL 进样，分别测出峰面积不强制过原点，以浓度对峰面积进行回归，得标准曲线和回归方程。数据处理机给出峰面积值，以标准品进样量（μg）为纵坐标，峰面积为横坐标绘制标准曲线。

3. 样品液制备

取饮料样品 50 mL 于 100 mL 烧杯中，80 ℃加热 10 min 驱除二氧化碳，间歇搅拌，加柠檬酸溶液调节样品 pH 值至 6。再加入 1.00 g 聚酰胺粉，60 ℃搅拌吸附 30 min，抽滤后依次用 pH 值为 4 的热水、甲醇一甲酸（6：4）洗涤。

用乙醇一氨水一水（7：2：1）解吸色素，收集解吸液，乙酸中和后蒸至近干，超纯水定容至 10 mL，过 0.45 μm 滤膜备用。

4. 色谱测定

用微量注射器分别吸取 10 μL 标准品、试样溶液注入色谱仪，取得色谱图以保留时间对照定性，确定落色素的谱峰，并记录峰面积。

五、数据记录和处理

(1)以色谱峰面积为纵坐标,各人工色素标准系列溶液的浓度为横坐标绘制标准曲线。

(2)根据试样溶液色谱图中各色素的峰面积,计算出试样溶液中色素的含量(μg/mL)。

六、注意事项

(1)甲醇、甲酸具挥发性,实验需在通风橱中进行,佩戴防护装备。

(2)聚酰胺吸附需充分,避免色素残留;解吸液需彻底中和。流动相需超声脱气,避免气泡影响检测。色谱柱使用后以高比例水相冲洗,防止盐析堵塞。

(3)标准曲线相关系数 $R^2 \geqslant 0.999$,平行样相对偏差 $\leqslant 5\%$。检出限:柠檬黄 0.03 mg/L,亮蓝 0.05 mg/L[参考《食品安全国家标准　食品中合成着色剂的测定》(GB 5009.35—2023)]。

七、思考题

(1)为何选择 254 nm 和 629 nm 作为检测波长?亮蓝为何需切换波长?

(2)梯度洗脱程序中甲醇比例变化对色素分离有何影响?

(3)若样品中含天然色素(如胡萝卜素),可能如何干扰测定?如何消除?

实验三十七　气相色谱法定性定量分析苯系物

一、实验目的

(1)掌握组分的保留值的测定及用保留值进行定性分析的方法。

(2)学习和掌握用归一化法计算各组分百分含量的方法。

(3)学习柱效能的测定方法,了解气相色谱分离分析方法。

(4)了解气相色谱仪的操作过程,学习微量注射器的进样技术。

二、实验原理

苯系物(BTEX)是一类常见的挥发性有机物(VOCs),包括苯、甲苯、乙苯和二甲苯。它们通常被用作溶剂、原料和添加剂,广泛存在于石油、石化、化工、印染等行业中。然而,尽管它们在工业生产中具有重要的作用,但苯系物是有毒和致癌的,在使用中要注意。

苯系物的毒性主要表现在其对人体呼吸系统和神经系统的损害。长期暴露于苯系物中可能导致头痛、头晕、恶心、呼吸困难等症状,甚至引起严重的疾病,如白血病和肺癌。此外,苯系物还可能对环境造成严重的污染,影响空气质量和水质。

气相色谱法是利用试样中各组分在气相和固定液相间的分配系数不同将混合物分离测定的仪器分析方法,特别适用于分析含量少的气体和易挥发的液体。当气相色谱的固定相、操作条件严格固定时,汽化后的试样被载气带入色谱柱中运行时,组分就在两相间进行反复多次分配，由于固定相对各组分的吸附或溶解能力不同，因此各组分在色谱柱中的运行速度就不同，经过一定的柱长后，便彼此分离，按流出顺序离开色谱柱进入检测器中被检测出来，在显示器上绘制出各组分的色谱峰一流出曲线。

因此，只要气相色谱仪具有良好的稳定性，就可直接利用保留值进行定性分析：即待测组分的保留值与待测组分的纯样品具有相同的保留值时，就可认为二者是同一物质。但由于在同一色谱柱上，不同组分可能具有相似的保留值，这时如果更换一种极性不同的色谱柱重新进行测定，二者的保留值仍相同时，则可基本肯定待测组分和纯样品是同一种物质。利用气相色谱法分析的主要目的是对混合物中的各组分进行定量分析。色谱定量的依据是：被测组分的质量（m_i）与检测器所给出的信号（A 或 H）成正比，即 $f_i=m_i/A_i$。因此，要计算组分的百分含量，必须先准确地测量峰面积（A）或峰高（H），并准确地求出相对校正因子（f_i），然后选择一个适当的定量方法，求出该组分的百分含量。测量峰高或峰面积时，采用外标法、内标法或归一化法，可确定待测组分的质量分数。本实验将采用归一化法，测量苯系物的含量。

1. 相对校正因子

采用质量校正因子，以苯作标准，

$$f_i=\frac{f_i(x)}{f_i(s)}=\frac{m_iA_s}{m_sA_i}$$

式中　A_s、A_i——标准物和待测组分的峰面积；

m_s、m_i——标准物和待测组分纯物质的质量。

2. 定量方法

采用峰面积归一化法定量，即

$$X_i=\frac{m_i}{(m_1+m_2+\cdots+m_i)}\times 100\%=\frac{f_iA_i}{\sum f_iA_i}\times 100\%$$

式中　f_iA_i—— 某一组分的质量；

$\sum f_iA_i$—— 试样中各种待测组分质量的总和。

三、实验仪器与试剂

1. 仪器

仪器气相色谱仪、氢气钢瓶。

2. 试剂

苯、甲苯、二甲苯（均为分析纯）。固定液：邻苯二甲酸二壬酯、6201 红色担体（80～100 目）。

四、实验步骤

1. 溶液配制

（1）配制两种二组分的标准样：二组分的含量要近似相等，数量要准确，用来测定相对质量校正因子，用分析纯苯、甲苯和二甲苯配制苯一甲苯和苯一二甲苯。

(2)配制三组分(苯、甲苯和二甲苯)混合液，作为定性分析练习用。

(3)配制未知含量的混合液若干份，做定量分析用。

2.进样分析

毛细管色谱柱：30 m×0.32 mm×0.25 μm 不锈钢柱。

固定相：20%邻苯二甲酸二壬酯。

检测器：热导检测器(TCD)，桥电流 190 mA。

温度程序：初温 40 ℃(保持 2 min)，以 5 ℃/min 升至 120 ℃，再以 10 ℃/min 升至 200 ℃(保持 5 min)。

进样口温度：250 ℃。

检测器温度：300 ℃。

载气(N_2)流速：1.0 mL/min；分流比 10∶1；进样量 1 μL。

按以上给出的色谱条件，开机调试，待仪器稳定后即可进样。

定性分析：二组分标准样，进样 1 μL，测量各峰的保留时间(t_R)和死时间(t_M)，重复进样数次。

定量分析：三组分混合样和未知样，进样 0.2 μL。同样重复进样数次。

五、数据记录和处理

(1)直接比较标准样品和样品混合液中各组分的调整保留时间(t_R)，确定样品色谱图中各峰所代表的物质的名称。

(2)测量各峰的峰面积。

(3)根据二组分标样的色谱图，以苯为标准，分别计算甲苯、二甲苯的质量校正因子。

(4)计算各组分的含量。

六、注意事项

(1)苯系物为有毒物质，实验全程需在通风橱内操作，佩戴手套和护目镜。

(2)吸附管采样时避免高温高湿环境，防止穿透；进样前确保色谱柱充分老化，避免基线漂移；定期校准 FID 检测器，保证灵敏度。

七、思考题

(1)本实验中，进样量是否要求非常准确？

(2)为何选择 TCD 分析苯系物？质谱检测器是否更优？

(3)温度程序中升温速率对分离效果有何影响？如何优化？

(4)若样品中存在醇类或酮类干扰物，应如何改进前处理方法？

实验三十八　气相色谱内标法测定白酒中乙酸乙酯含量

一、实验目的

(1)掌握气相色谱内标法测定白酒中乙酸乙酯含量的原理及操作流程。

(2)掌握气相色谱仪的结构及使用方法。

(3)学习氢火焰离子化检测器的使用方法及色谱条件优化技巧。

(4)了解白酒香型与乙酸乙酯含量的关系,熟悉国家标准的要求。

二、实验原理

白酒在我国具有悠久的历史,复杂的原料、特殊的工艺和多菌种共发酵等多种因素共同作用使得白酒的成分极其复杂。白酒的香味成分种类有多种形式,其中的醇类、酯类、酸类等是酒体香气形成的主要物质。酯类化合物是形成白酒香气的主要呈味物质,其构成和配比是影响酒体风格和品质的关键因素,在各种香型白酒中具有重要意义。

气相色谱法由于其操作便捷、检测分析快速、分离效果好、重复性强、灵敏度和分辨率较高等优点,成为白酒中风味物质分析的首选方法。当白酒试样被汽化后,随同载气一同进入色谱柱,利用被测定的各组分在气液两相中具有不同的分配系数,在色谱柱内形成迁移速度的差异而得到分离。分离后的组分先后流出色谱柱,进入火焰离子化检测器,根据色谱图上各组分峰的保留值与标样对照进行定性,利用峰面积(或峰高),以内标法定量分析。

加入已知量的内标物(如乙酸正丁酯或乙酸正戊酯),通过比较待测物与内标物的峰面积比值,计算乙酸乙酯含量。

$$c_{样} = \frac{A_{样}}{A_{内标}} \times \frac{c_{内标} \times f}{V_{样}}$$

式中　f——校正因子,需通过标准溶液测定;

$c_{样}$——样品浓度;

$A_{样}$——样品峰面积;

$A_{内标}$——内标物峰面积;

$V_{样}$——样品体积;

$c_{内标}$——内标物的浓度。

三、实验仪器与试剂

1. 仪器

气相色谱仪、氢火焰离子化检测器、色谱柱:白酒专用填充柱、微量注射器(10 μL)。

2. 试剂

乙醇(色谱纯,可用分析纯代替),配成 60%乙醇水溶液。乙酸乙酯(色谱纯):作标样用,2%溶液(用 60%乙醇水溶液配制)。乙酸正丁酯(色谱纯):作内标用,2%溶液(用

60%乙醇水溶液配制)。

四、实验步骤

1. 仪器准备

(1)稀释酒样。取 1.0 mL 白酒样品,加入无水乙醇稀释至乙醇含量≤40%,定容至 10 mL,混匀后,过 0.45 μm 滤膜备用。

(2)添加内标物。向稀释后的酒样中加入 50 μL 乙酸正丁酯内标溶液(1.0 g/L),混匀。

2. 标准溶液配制

(1)乙酸乙酯标准储备液(10 g/L)。精密称取 1.000 0 g 乙酸乙酯,用无水乙醇溶解并定容至 100 mL。

(2)内标储备液(10 g/L)。同法配制乙酸正丁酯溶液。

(3)混合标准系列。分别取乙酸乙酯储备液 0.1、0.5、1.0、2.0、5.0 mL,加入内标储备液 1.0 mL,用乙醇定容至 10 mL,配制成 0.1~5.0 g/L 的系列标准溶液(均含内标物 1.0 g/L)。

3. 气相色谱条件

色谱柱:HP－INNOWax(极性柱,适用于酯类分离)。

温度程序:初始 50 ℃保持 2 min,从 5 ℃/min 升至 150 ℃,保持 5 min。

进样口温度:220 ℃。

检测器温度:250 ℃。

载气(N_2)流速:1.0 mL/min;分流比:20∶1;进样量:1 μL。

4. 测定与数据处理

(1)仪器校准。依次进样混合标准系列,记录乙酸乙酯与内标物的峰面积比值($A_{酯}/A_{内标}$)。

(2)绘制标准曲线。以浓度比($c_{酯}/c_{内标}$)为横坐标,峰面积比为纵坐标,拟合线性方程。

(3)样品分析。进样处理后的酒样,根据峰面积比代入标准曲线计算乙酸乙酯浓度。

(4)结果计算。

$$c_{乙酸乙酯}=\frac{c_{样}\times V_{总}\times f}{V_{酒}} \quad (\mathrm{g/L})$$

式中 $c_{样}$——标准曲线查得的浓度,g/L;

$V_{总}$——稀释后的体积,mL;

f——稀释倍数;

$V_{酒}$——原酒样体积,mL。

五、注意事项

(1)微量注射器需校准,进样量误差≤1%,否则影响校正因子计算。

(2)优先使用高分离度毛细管柱(如 HP－INNOWax),避免乙酸乙酯与乙缩醛一起流出。

(3)盐酸预处理可屏蔽乙缩醛干扰,但需严格控制酸浓度及反应时间。

(4)乙酸正丁酯为危化品,实验需在通风橱中操作,并佩戴手套与护目镜。

六、思考题

(1)为何选择乙酸正丁酯作为内标物?其与乙酸乙酯的理化性质有何匹配性?

(2)若色谱图中出现乙酸乙酯与乳酸乙酯重叠峰,应如何优化分离条件?

(3)内标法相较于外标法在白酒成分分析中的优势是什么?

4.3　校企合作实验

实验三十九　高效液相色谱衍生法测定氨基酸含量

一、实验目的

(1)了解氨基酸衍生法的基本原理及其在高效液相色谱分析中的应用。

(2)掌握使用 2,4－二硝基氟苯(DNFB)作为衍生剂对氨基酸进行柱前衍生的操作方法。

(3)熟悉高效液相色谱仪的使用流程及氨基酸分离定量的关键技术。

二、实验原理

目前,氨基酸定性定量分析常用的仪器主要有高效液相色谱仪和氨基酸自动分析仪两种。氨基酸自动分析仪的流动相及衍生试剂成本比较高,因此经常选择使用高效液相色谱仪对氨基酸的组成及含量进行分析。氨基酸在紫外波长下没有吸收,所以用高效液相色谱法检测氨基酸时多采用柱前衍生法。最常用的衍生法有四种:邻苯二甲醛(OPA)法、氯甲酸芴甲酯(FMOC)法、异硫氰酸苯酯(PITC)法及丹酰氯(即二甲氨基萘磺酰氯 Dansyl－Cl)法。其中,OPA、FMOC 及 Dansyl－Cl 法均需用到价格昂贵的荧光检测器;PITC 法虽可用紫外检测,但其衍生步骤较烦琐,且使用 PITC 会降低柱寿命。

DNFB 作为衍生剂具有以下优点:衍生反应条件温和(60 ℃水浴、避光),适用于一级和二级氨基酸;氨基酸衍生物在波长 360 nm 处有强吸收,可用紫外检测器直接检测,无须昂贵荧光检测器;操作简便,成本较低。

反应方程式如下:

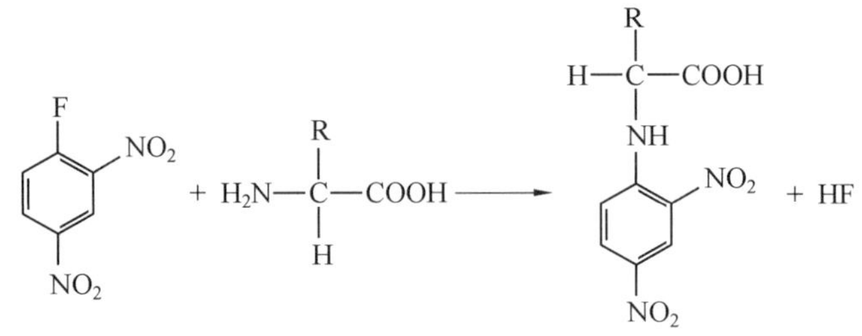

三、实验仪器与试剂

1.仪器

高效液相色谱仪、pH 计。

2.试剂

2,4－二硝基氟苯(AR)、盐酸(AR)、磷酸(AR)、$NaHCO_3$(AR)、KH_2PO_4(AR)、NaOH(AR)、KOH(AR)、冰乙酸(≥99.9%)、氨基酸标样、去离子水。

(1)10 g/L 2,4－二硝基氟苯乙腈溶液。称量 1.00 g 2,4－二硝基氟苯至 100 mL 容量瓶,加乙腈溶解定容至刻度,摇匀备用。

(2)1 mol/L NaOH 溶液。称量 2.00 g NaOH 至 50 mL 容量瓶,加去离子水溶解定容至刻度,摇匀备用。

(3)1 mol/L KOH 溶液。称量 2.80 g KOH 至 50 mL 容量瓶,加去离子水溶解定容至刻度,摇匀备用。

(4)1 mol/L 乙酸溶液。用 5 mL 移液管移取 3 mL 冰乙酸(≥99.9%)至 50 mL 容量瓶中,加去离子水稀释定容至刻度,摇匀备用。

(5)0.5 mol/L $NaHCO_3$溶液(pH=9.0)。称量 4.20 g $NaHCO_3$至 100 mL 容量瓶中,用去离子水溶解定容至刻度,用 1 mol/L NaOH 溶液调 pH 至 9.0,调节过程用 pH 计监测。先粗加 10 mL 1 mol/L NaOH,再用 5 mL 胶头滴管滴加 12 滴(约 0.5 mL)。

(6)0.1 mol/L KH_2PO_4溶液。称量 1.36 g KH_2PO_4至 100 mL 容量瓶中,用去离子水溶解定容至刻度,用 1 mol/L KOH 溶液调 pH 至 7.0,调节过程用 pH 计监测。先粗加7.5 mLKOH,再用 5 mL 胶头滴管滴加 12 滴(约 0.5 mL)。

(7)0.025 mol/L 醋酸钠溶液。称量 2.05 g 醋酸钠至流动相瓶中,加 1 L 去离子水溶解混匀,用 1 mol/L 乙酸调 pH 至 6.0,调节过程用 pH 计监测。先粗加 1 mL 1 mol/L 乙酸溶液,再用 5 mL 胶头滴管滴加 10 滴(约 0.4 mL)。

(8)自制 17 种氨基酸混标储备液(1 mg/mL)。分别准确称量 17 种氨基酸标样(天冬氨酸、谷氨酸、丝氨酸、甘氨酸、精氨酸、脯氨酸、丙氨酸、缬氨酸、胱氨酸、异亮氨酸、亮氨酸、色氨酸、组氨酸、苯丙氨酸、半胱氨酸、赖氨酸、酪氨酸)50 mg 至同一 50 mL 容量瓶中,用 0.1 mol/L 盐酸溶解定容至刻度,摇匀,制得 1 mg/mL 混标储备液,放 4 ℃冰箱中冷藏保存(保质期 1 个月)。

(9)用 1 mL 移液枪准确移取氨基酸混标储备液(1 mg/mL)于 10 mL 容量瓶中,用 0.1 mol/L 盐酸定容至刻度,摇匀,制得 0.1 mg/mL 氨基酸混标标准溶液(现用现配)。

(10)商品化氨基酸混标(0.1 mg/mL)。用 200 μL 移液枪准确移取商品化氨基酸标样溶液(约 0.3 mg/mL)200 μL 于 1.5 mL 离心管中,再用 1 mL 移液枪移取 400 μL 0.1 mol/L盐酸加入其中,涡旋混匀,稀释约 3 倍得 0.1 mg/mL 混标。

四、实验步骤

1.标样衍生程序

标样和样品衍生程序见表 4.3。

表 4.3　标样和样品衍生程序

所用试剂	用量或用时
标样或样品稀释液/mL	0.1
$NaHCO_3$/mL	0.1
2,4—二硝基氟苯/mL	0.1
60 ℃水浴/min	40
0.1 mol/L KH_2PO_4/mL	0.7

用 200 μL 移液枪依次准确移取表 4.3 中的样品和试剂于 1.5 mL 离心管中,涡旋混匀,60 ℃ 水浴 40 min,取出冷却至室温,再加入 0.7 mLKH_2PO_4溶液,涡旋混匀,过 0.22 μm滤膜后进行液相分析。

2.样品预处理与测定

样品预处理和稀释后,按标样衍生方法进行衍生。

3.液相色谱条件

色谱柱:phenomenex C18 250×4.6 mm×5 μm。

进样量:10 μL;流速:1 mL/min;柱温:40℃;检测波长:360 nm。

流动相 A:0.025 mol/L 醋酸钠溶液(pH=6.0)。

流动相 B:乙腈。

梯度洗脱条件见表 4.4。

表 4.4　梯度洗脱条件

时间/min	流动相 A/%	流动相 B/%
0	90	10
60	57	43
70	90	10

4.典型色谱图

17 种自制氨基酸混标液相色谱图(出峰顺序依次为:天冬氨酸、谷氨酸、丝氨酸、甘氨酸、精氨酸、脯氨酸、丙氨酸、缬氨酸、胱氨酸、异亮氨酸、亮氨酸、色氨酸、组氨酸、苯丙氨酸、半胱氨酸、赖氨酸、酪氨酸)如图 4.1 所示。

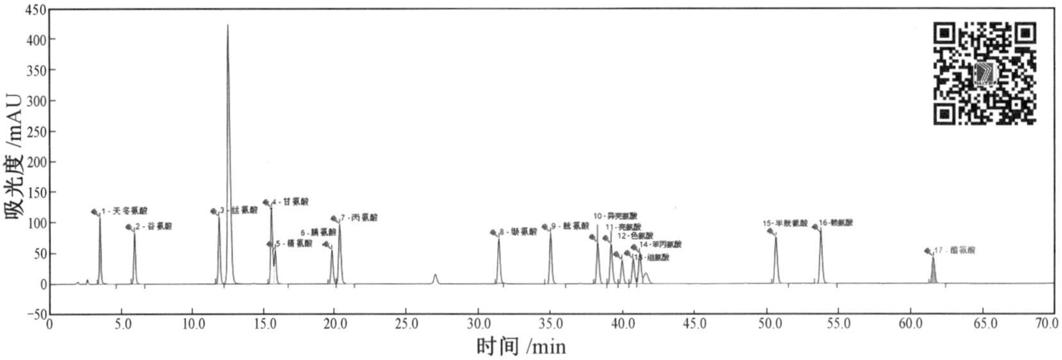

图 4.1　17 种自制氨基酸混标液相色谱图

购买的氨基酸混标色谱图(出峰顺序依次为:天冬氨酸、谷氨酸、丝氨酸、甘氨酸、精氨酸、苏氨酸、脯氨酸、丙氨酸、缬氨酸、蛋氨酸、胱氨酸、铵根、异亮氨酸、亮氨酸、组氨酸、苯丙氨酸、赖氨酸、酪氨酸)如图 4.2 所示。

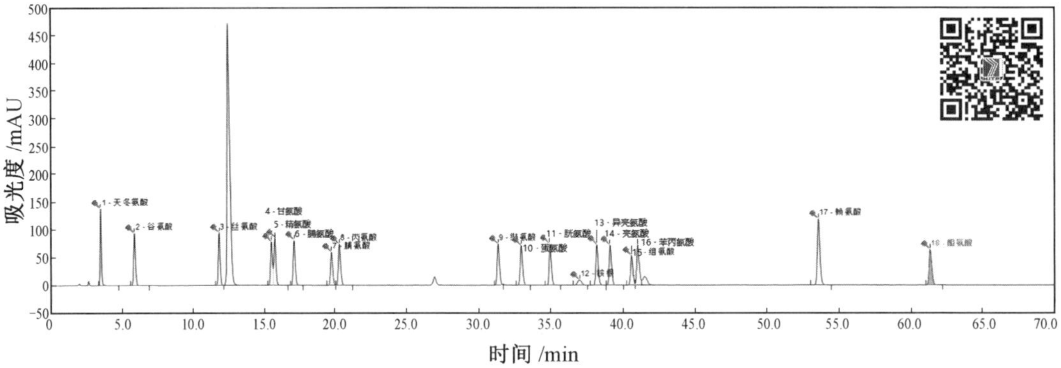

图 4.2　购买的氨基酸混标色谱图

五、注意事项

(1)流动相盐含量较高,实验结束后用 10% 乙腈水溶液冲洗色谱柱 1 h,避免盐析堵塞。

(2)衍生过程中严格要求 60 ℃水浴;不严格要求避光反应;水浴时间 40～60 min。DNFB 具有毒性,需在通风橱中操作,避免接触皮肤。

(3)醋酸钠溶液需现配现用(有效期 3 d),使用后需用去离子水清洗管道,防止微生物污染。

(4)确保标样与样品衍生条件一致,避免温度或时间偏差影响结果。

六、思考题

(1)为何选择 DNFB 作为衍生剂? 该方法与其他衍生方法(如 OPA、FMOC)相比有何优缺点?

(2)梯度洗脱程序在氨基酸分离中的作用是什么? 如何优化流动相比例?

实验四十　高效液相色谱法测定玉米发酵液中乙酸含量

一、实验目的

(1)掌握高效液相色谱法检测乙酸含量(质量浓度)的基本原理及操作方法。

(2)学习玉米发酵液样品的预处理技术及标准曲线绘制方法。

(3)通过定量分析不同发酵时间乙酸含量的变化,理解发酵过程动态规律。

二、实验原理

高效液相色谱法是一种以不断调整液体相态中溶剂体系的特定比例为原理,在一段时间内依次分离混样中各色谱组分成分,并以色谱图的形式显示的技术。采用高效液相色谱法检测发酵液中的乙酸含量,利用多种滤膜对样品进行过滤,得到色谱图,可准确地定性及定量处理数据,从而检测出发酵液中乙酸含量。高效液体色谱法也具有检测速度快、选择性强、定性定量准确可靠、重复性好等优势。

三、实验仪器与试剂

1. 仪器

高效液相色谱仪。

2. 试剂

乙酸(AR)、硫酸(AR,95%～98%)、去离子水。

(1)12.5 mmol/L H_2SO_4溶液。准确量取 1 L 去离子水于流动相瓶中,用 1 mL 移液枪准确移取 0.7 mL 硫酸(AR,95%～98%)缓慢滴入去离子水中混匀。

(2)1 mg/mL 乙酸储备液。称量 50 mg 乙酸至 50 mL 容量瓶,加去离子水定容至刻度,摇匀。

(3)0.1 mg/mL 乙酸溶液。用 1 mL 移液枪准确移取 1 mg/mL 乙酸储备液 1 mL 至 10 mL 容量瓶,加去离子水定容至刻度,摇匀。

四、实验步骤

1. 液相色谱条件

色谱柱:Aglient MetaCarb 87H 300×7.8 mm;流动相:12.5 mmol/L H_2SO_4溶液,流速为 0.5 mL/min,示差检测器;柱温:30 ℃;运行时间:25 min。

2. 标准曲线绘制

梯度稀释乙酸标准液:0.05、0.1、0.2、0.5 mg/mL。

依次进样,记录峰面积,绘制峰面积一浓度标准曲线(需 $R^2 \geqslant 0.999$)。

3. 样品预处理

玉米发酵液以 4 000 r/min 离心 10 min 后,用 1 mL 移液枪准确移取 1 mL 上清液于

10 mL 容量瓶中，加纯化定容至刻度，摇匀，过 0.22 μm 滤膜后进行液相分析。

4. 样品检测

按相同色谱条件进样，记录乙酸保留时间及峰面积；根据标准曲线计算实际浓度，结合稀释倍数（$D=10$）得出原始发酵液浓度。

5. 典型谱图和结果计算

上述色谱条件下，0.1 mg/mL 乙酸标样液相色谱图如图 4.3 所示。

乙酸（质量浓度）计算公式如下：

$$c_{样}=\frac{A_{样}\times c_{标}\times D}{A_{标}}$$

式中 $c_{样}$——样品中乙酸含量（质量浓度），mg/mL；

D——玉米发酵液样品稀释倍数；

$A_{样}$——样品峰面积；

$A_{标}$——标准溶液峰面积；

$c_{标}$——标准溶液浓度，mg/mL。

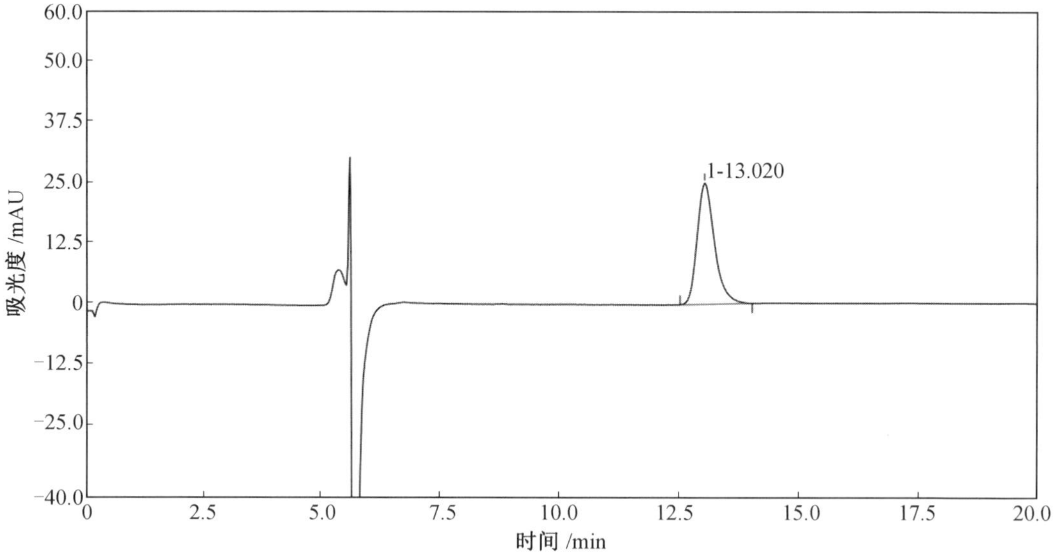

图 4.3 0.1 mg/mL 乙酸标样液相色谱图

将不同发酵时间的玉米发酵液中乙酸含量检测情况填入表 4.5，分析乙酸含量随发酵时间的变化趋势。

表 4.5 不同发酵时间发酵液中乙酸含量

样品及批号	示差测试含量
2h#	
4h#	
6h#	

续表4.5

样品及批号	示差测试含量
8h#	
10h#	
12h#	
14h#	
16h#	
18h#	
20h#	
22h#	
24h#	
26h#	
28h#	
30h#	
32h#	
34h#	

五、注意事项

(1)浓硫酸具有强腐蚀性,稀释配制流动相时需佩戴防护手套和护目镜;离心时确保离心管对称平衡,避免仪器损坏。

(2)实验结束后用去离子水冲洗色谱柱 30 min,避免残留酸液腐蚀柱填料。

(3)离心后需彻底分离上清液,避免杂质干扰;滤膜需与溶剂兼容(本实验用有机系滤膜)。

(4)标准溶液需现配现用,避免浓度变化;每组样品平行测定 3 次,取平均值以提高结果可信度。

六、思考题

(1)为何选择 H_2SO_4溶液作为流动相?

(2)若色谱图中出现杂峰,可能由哪些因素引起?如何解决?

(3)乙酸含量随发酵时间变化的可能原因是什么?

实验四十一　高效液相色谱法测定山梨醇含量

一、实验目的

(1)掌握使用高效液相色谱法测定山梨醇含量的基本原理及方法。

(2)掌握配制标准溶液、样品前处理及 HPLC 仪器的规范操作。

(3)能够通过外标法和内标法计算山梨醇含量,并分析实验数据。

二、实验原理

山梨醇($C_6H_{14}O_6$)又称山梨糖醇,是一种具有 6 个碳原子的糖醇类化合物,因其在人体内可以缓慢代谢而受到广泛关注。作为一种重要的多元醇,山梨醇不仅是合成维生素 C 的重要原料,还在多个行业中展现出其独特的应用价值。

在食品工业中,山梨醇作为甜味剂被广泛使用。此外,山梨醇具有良好的保湿特性,能够有效防止食品干燥和变质,从而延长食品的保质期,保持其风味和口感。在日化行业中,山梨醇因其优越的保湿性能,常被用于护肤品、洗发水和沐浴露等产品中,能够帮助维持皮肤的水分,改善肌肤的柔软度和光滑度。在医药领域,山梨醇被用作药物的赋形剂和防腐剂,能够有效延长药品的保存期限,并保持其活性成分的稳定性。

目前,山梨醇的测定方法主要有高效液相色谱法、毛细管电泳一安培检测法、化学滴定法等,利用高效液相色谱法简单易操作,选择性好、灵敏度高,平均回收率高达 99.9%,测定结果准确可靠,能够有效地测定山梨醇含量。

三、实验仪器与试剂

1. 仪器

液相色谱仪。

2. 试剂

山梨糖(98.0%)、山梨醇(98.0%)、赤藓糖醇(99.0%)、去离子水。

(1)赤藓糖醇内标液(6 mg/mL)。称取 6.00 g 赤藓糖醇(精确到 0.000 1 g)于烧杯中,用去离子水溶解后转移至 1 L 的容量瓶中,定容至刻度,摇匀备用。

(2)山梨糖储备液(30 mg/mL)。称取固体山梨糖标样 3.00 g(精确到 0.000 1 g)于烧杯中,用去离子水溶解并转移至 100 mL 容量瓶中,定容至刻度(浓度约 30 mg/mL)。用 5 mL 移液管准确移取,每 5 mL 分装于 15 mL 离心管中(约 19 支),记录下具体质量,做好标识,存于塑封袋中,冷冻保存(有效期 1 个月)。

(3)山梨糖标液(3 mg/mL)。用 5 mL 移液管准确移取 5 mL 山梨糖储备液于 50 mL 容量瓶中,用赤藓糖醇内标液(6 mg/mL)定容至刻度。将标液用液相小瓶分装(1.5 mL 每支,30 支),冷冻保存(有效期 1 个月)。当内标溶液改变时,标样需重配,取 1 支 5 mL 分装储备液,解冻后用赤藓糖醇内标液少量多次地将其洗至 50 mL 容量瓶中,定容至刻度,摇匀。

(4)山梨醇储备液(30 mg/mL)。称取固体山梨醇标样 3.00 g(精确到 0.000 1 g)于烧杯中,用去离子水溶解并转移至 100 mL 容量瓶中,定容至刻度(浓度约 30 mg/mL),用5 mL移液管准确移取,每 5 mL 分装于 15 mL 离心管中(约 19 支),记录下具体质量,做好标识,存于塑封袋中,冷冻保存(有效期 1 个月)。

(5)山梨醇标液(3 mg/mL)。用 5 mL 移液管准确移取 5 mL 山梨醇储备液于 50 mL

容量瓶中，用赤藓糖醇内标液（6 mg/mL）定容至刻度。将标液用液相小瓶分装（1.5 mL每支，30 支），冷冻保存（有效期 1 个月）。当内标溶液改变时，标样需重配，取 1 支5 mL分装储备液，解冻后用赤藓糖醇内标液少量多次地将其洗至 50 mL 容量瓶中，定容至刻度，摇匀。

（6）样品配制。标样及样品浓度控制在 3 mg/mL 左右。取样品 50～60 g（保证取样代表性），根据样品初始糖含量用去离子将样品一次稀释至浓度约 30 mg/mL（稀释标准见表 4.6），用移液管准确移取一次稀释液 5.00 mL（称重并记录质量）于 50 mL 容量瓶中，加赤藓糖醇内标液溶解定容至刻度，过 0.22 μm 滤膜，液相分析。

表 4.6　不同样品稀释倍数参考

样品来源	总糖浓度/(mg·mL^{-1})	一次稀释倍数
种子室样品	180～185	6
罐区样品	依样品浓度定	依样品浓度定
罐区二步发酵 0 h		不稀释

四、实验步骤

1. 液相色谱条件

色谱柱（糖柱）型号：Carbomix Ca－NP5，8％7.8 mm×300 mm，5 μm Non－Porous；流动相：100％纯水；柱温：80 ℃；进样量：20 μL；流速：0.5 mL/min。示差检测器。

2. 样品前处理

样品稀释：取玉米发酵液 50～60 g，稀释至总糖浓度约 30 mg/mL（参考表 4.6 调整稀释倍数）。

内标法配制：取 5 mL 稀释液，加赤藓糖醇内标液定容至 50 mL，过 0.22 μm 滤膜，待测。

3. 液相检测谱图

山梨糖、山梨醇标准品色谱图如图 4.4 及图 4.5 所示。

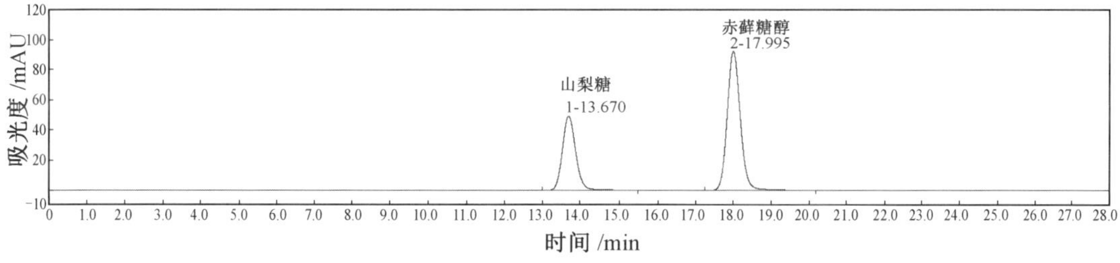

图 4.4　山梨糖标准品色谱图

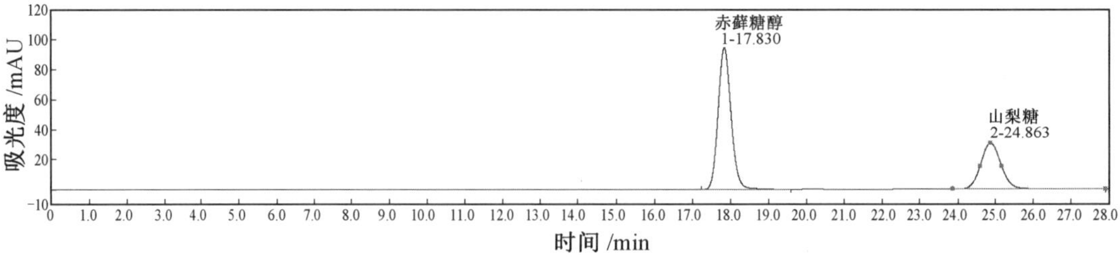

图 4.5　山梨醇标准品色谱图

4.数据计算

(1)外标法(仲裁法)。

山梨醇含量,按下式计算:

$$w_{样}=\frac{A_{样}\times m_2\times 50}{A_{标}\times m_1\times m_3}\times c_{标}$$

式中　$w_{样}$——样品含量,mg/g;

$A_{样}$——试样稀释液山梨醇峰面积;

$A_{标}$——标准溶液山梨醇的峰面积;

$c_{标}$——山梨醇标准品浓度,mg/mL;

m_1——发酵液总质量,g;

m_2——一次稀释液总质量,g;

m_3——5 mL 一次稀释液质量,g。

(2)内标法。

山梨醇含量 $w_{样}$,按下式计算:

$$w_{样}=\frac{(A_{样}/A_{内标1})\times m_2\times 50}{(A_{标}/A_{内标2})\times m_1\times m_3}\times c_{标}$$

式中　$w_{样}$——样品含量,mg/g;

$A_{样}$——试样稀释液山梨醇峰面积;

$A_{内标1}$、$A_{内标2}$——试样稀释液中赤藓糖醇内标峰面积;

$A_{标}$——标准溶液山梨醇的峰面积;

$c_{标}$——山梨醇标准品浓度,mg/mL;

m_1——发酵液总质量,g;

m_2——一次稀释液总质量,g;

m_3——5 mL 一次稀释液质量,g。

五、注意事项

(1)测定结果反馈。样品测试结果及时反馈给种子室,确定是否存在异常,若有异常应及时复测。

(2)样品留存与清理。若测定结果无异常，则将一次稀释样品冷冻保存。冰柜一般存放最近两个月内的样品，若冰柜已满，将一部分前期样品清理出，灭消(121 ℃，30 min)后丢弃。

(3)色谱柱使用注意事项。

①避免有机试剂损坏色谱柱。测样前用纯水充分冲洗每个流动相管路和色谱系统，防止有机试剂进入色谱柱，对色谱柱造成不可恢复性损坏。

②先升柱温至 80 ℃ 再提流速(0.1 mL/min→0.5 mL/min)；先减流速(0.5 mL/min→0.1 mL/min)再降柱温至室温，避免柱温过低，流速较高(0.5 mL/min)将导致柱压过高，柱子损坏。

③禁止柱压超过耐受值。色谱柱最大耐受压力为 40 bar，流速最高为 0.5 mL/min，运行时注意设定柱压上限。

实验四十二　V_C磷酸酯单酯的离子色谱检测

一、实验目的

(1)掌握离子色谱法的基本原理及阴离子交换分离机制，理解淋洗液配制、样品前处理及仪器操作流程。

(2)掌握流动相中离子对试剂的作用机制及色谱柱保留行为的调控原理。

(3)学习离子色谱仪的结构与功能，包括进样系统、分离柱、抑制器及电导检测器的协同作用。

二、实验原理

离子色谱法是以低交换容量的离子交换树脂为固定相对离子性物质进行分离，用电导检测器连续检测流出物电导变化的一种色谱方法。阳离子色谱柱是高效液相色谱的一种，是分析阴阳离子的一种液相色谱方法，该方法具有选择性好、灵敏、快速、简便等优点，并且可以同时测定多种组分。

树脂上分布有固定的带电荷的基团和能游动的配位离子。当样品加入离子交换色谱后，如果用适当的溶液洗脱，样品离子即与树脂上能游动的离子进行交换，并且连续进行可逆交换吸附和解吸，最后达到吸附平衡。

反应原理如下：

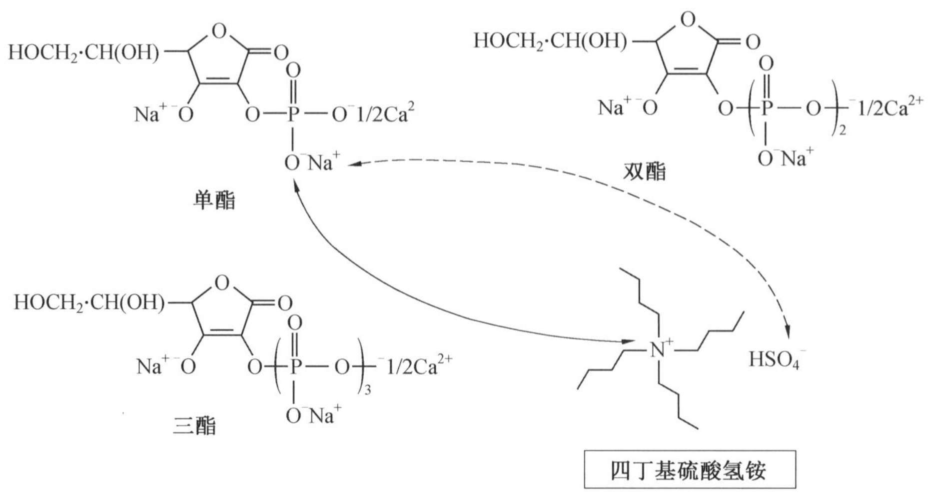

磷酸酯盐易电离，极性强，在反相色谱柱上无保留。V_C磷酸酯单酯（以磷酸根形式存在）在阴离子交换柱中因亲和力不同被分离，经抑制器消除淋洗液背景电导后，由电导检测器测定其响应信号。根据保留时间定性分析，根据峰面积或峰高定量分析。

三、实验仪器与试剂

1. 仪器

高效液相色谱仪。

2. 试剂

甲醇（色谱纯）、磷酸二氢钾（AR）、四丁基硫酸氢铵（离子对试剂级）、KOH（AR）、三环己烷—L—抗坏血酸—2—磷酸酯（$C_{24}H_{42}NO_9P$）标准品（纯度>98.0%）。

（1）KOH 溶液（2 mol/L）。准确称量 11.2 g KOH 于 100 mL 烧杯中，加入约 40 mL 水，搅拌将其溶解后转移到 100 mL 容量瓶中，用去离子水定容至刻度，摇匀，待用。用量筒量取 100 mL 去离子水倒入烧杯中，用玻璃棒混匀。

（2）四丁基硫酸氢铵磷酸二氢钾溶液（pH＝6.0）。准确称取 1.7 g 四丁基硫酸氢铵与 13.6 g 磷酸二氢钾于 100 mL 烧杯中，用去离子水溶解并转移至 1 L 容量瓶中，加去离子水定容至刻度，摇匀。将混匀后的上述溶液倒入干净的流动相瓶中，用 2 mol/L KOH 溶液调节 pH＝6.0，调节过程用 pH 计监测。先用 5 mL 移液枪移取 2 mol/L KOH 溶液 12.5 mL 粗调，再用胶头滴管逐渐滴加 4 滴（约 0.15 mL）进行细调（现用现配）。

（3）流动相（四丁基硫酸氢铵磷酸二氢钾溶液：甲醇＝92：8）。用 100 mL 量筒量取 87 mL 甲醇于上述 1 L 四丁基硫酸氢铵磷酸二氢钾溶液中，混匀，后用抽滤装置过 0.45 μm滤膜并超声脱气。（保质期 7 天。）

（4）标准溶液。减量法称取约 0.1 g（精确至 0.000 1 g）三环己烷—L—抗坏血酸—2—磷酸酯标准品于 100 mL 棕色容量瓶中，加入约 70 mL 去离子水超声 15 min 溶解，放凉后，用去离子水定容至刻度，摇匀。（用液相小瓶分装好后置于 4 ℃冰箱中保存，有效期

1 个月。)

(5)样品溶液。减量法称取试样约 0.1 g(精确至 0.000 1 g),置于 100 mL 容量瓶中,加入约 70 mL 去离子水超声 15 min 溶解,放凉后,用去离子水定容至刻度,摇匀过 0.45 μm滤膜后进行液相分析。

四、实验步骤

1. 液相色谱条件

色谱柱:SB－AQ C18,4.6 mm×150 mm,5 μm。

检测波长:250 nm。

柱温:30 ℃。

流速:1.0 mL/min。

进样量:20 μL。

2. 液相谱图

仪器开机平衡后,以流动相冲洗系统至基线稳定。依次注入标准溶液和样品溶液,记录色谱图如图 4.6 及图 4.7 所示。

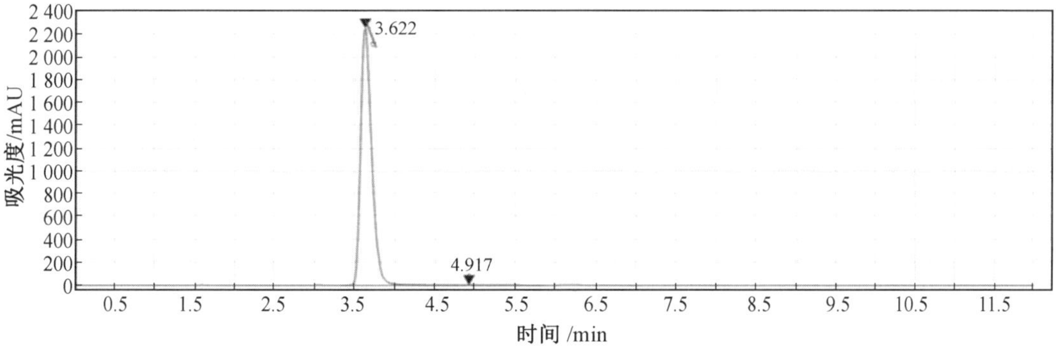

图 4.6　磷酸酯单酯标样色谱图

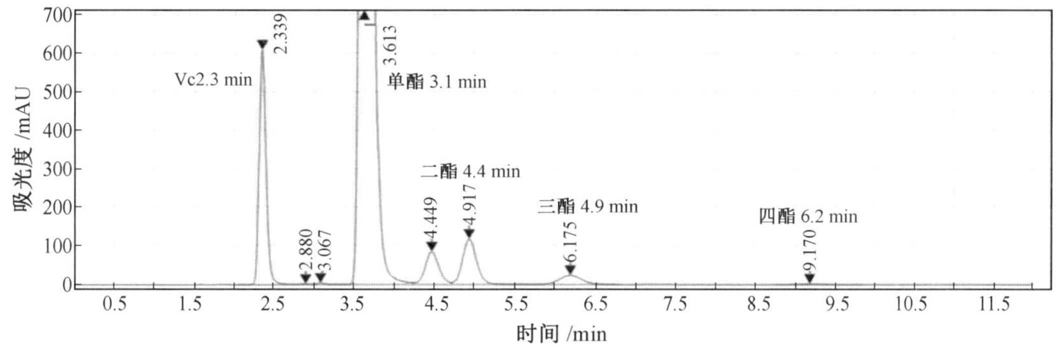

图 4.7　V_C磷酸酯样品色谱图

3.结果计算

试样中的L－抗坏血酸－2－单磷酸酯盐含量(以Vc计),以质量分数(%)表示,按下式计算:

$$w=\frac{A_{样}\times c_{标}\times V_{样}\times 176.12}{A_{标}\times M_{标}\times m_{样}\times 1\ 000\times w_{总酯}}\times 100\%$$

式中 $A_{样}$——样品溶液峰面积;

$A_{标}$——三环己烷－L－抗坏血酸－2－磷酸酯标准溶液峰面积;

$m_{样}$——样品的质量,g;

$V_{样}$——样品溶液体积,mL;

$c_{标}$——标样浓度,mg/mL;

176.12——Vc相对分子质量;

$M_{标}$——三环己烷－L－抗坏血酸－2－磷酸酯相对分子质量,具体参见标品说明书;

$w_{总酯}$——L－抗坏血酸－2－磷酸酯总酯含量(以L－抗坏血酸计)。

五、注意事项

(1)流动相中盐含量较高,样品检测完成后,使用20%甲醇水以1 mL/min的速度冲洗仪器管路30 min,清除系统中盐分,冲洗过程用二通代替色谱柱,若色谱柱长时间不用,使用20%甲醇冲洗柱子后保存。

(2)流动相的pH值需精确调节至6.0,避免保留时间偏移;样品溶液需充分溶解并过滤,防止堵塞色谱柱。

(3)实验结束后彻底冲洗系统,避免盐结晶损坏仪器;色谱柱长期不用时,需按保存条件处理。

六、思考题

(1)流动相中加入四丁基硫酸氢铵的作用是什么?

(2)若样品峰与标准品峰保留时间不一致,可能的原因有哪些?

(3)如何验证实验结果的准确性?

实验四十三　高效液相色谱法测定葡萄糖含量

一、实验目的

(1)理解高效液相色谱法的基本原理及其在糖类物质检测中的应用。

(2)掌握外标法定量分析葡萄糖含量的原理与计算方法。

(3)能够独立完成葡萄糖标准品与样品的制备、进样及数据处理。

二、实验原理

葡萄糖是生命活动中不可缺少的物质,在人体内能直接参与新陈代谢过程,在医药和食品工业中均有重要用途。氧化葡萄糖也可以得到多种高附加值的化学品，如葡萄糖二酸、葡萄糖酸、阿拉伯糖、乳酸、甘油、草酸、乙酸和甲酸等。目前，测定糖类物质的方法主要有化学法、近红外光谱法、气相色谱法、高效液相色谱法等。近红外光谱法的精确度相较偏低；气相色谱法测定糖类物质需要衍生，步骤比较烦琐。HPLC 法测定糖类物质具有快速、准确等诸多优势，已被广泛应用于食品、水果中糖类物质的分析检测，是目前检测糖类物质的常用手段。该方法复制性强、操作简便、灵敏度高、重复性好，适用于复杂样品（如发酵液、食品）中葡萄糖的定量分析。

三、实验仪器与试剂

1. 仪器

高效液相色谱仪、示差检测器。

2. 试剂

去离子水、葡萄糖标准品（纯度应为 95%以上）。

（1）标样（3 mg/mL）：准确称取 0.15 g 葡萄糖标准品（精确至 0.000 1 g）于 50 mL 容量瓶中，加水溶解定容至刻度，摇匀，过 0.22 μm 水相微孔膜后进行液相色谱分析。

（2）外标法样品溶液配制（葡萄糖 50%，70%）：准确称取 0.15 g 样品于 50 mL 容量瓶中，加水溶解定容至刻度，摇匀，过 0.22 μm 水相微孔膜后进行液相色谱分析。

（3）归一法样品溶液配制（结晶进料、麦芽糖蒸后液、调配母液、葡萄糖 AD、麦芽糖 BD、纳滤进料、纳滤出料、纳滤浓相液）：吸取一定量样品用 0.22 μm 水相微孔膜过滤，滴入两滴样品（约 0.1 g）至 10 mL 带有去离子水的离心管中混匀备用，装入进样瓶中，进行测定。

四、实验步骤

1. 色谱条件

色谱柱：Carbomix Ca－NP5，8%cross－linked，7.8 mm×300 mm，5 μm。

柱温：80 ℃。

进样量：20 μL。

流速：0.5 mL/min。

检测器：示差检测器。

2. 液相谱图

依次进样标准溶液与待测样品，记录色谱图，如图 4.8 所示。

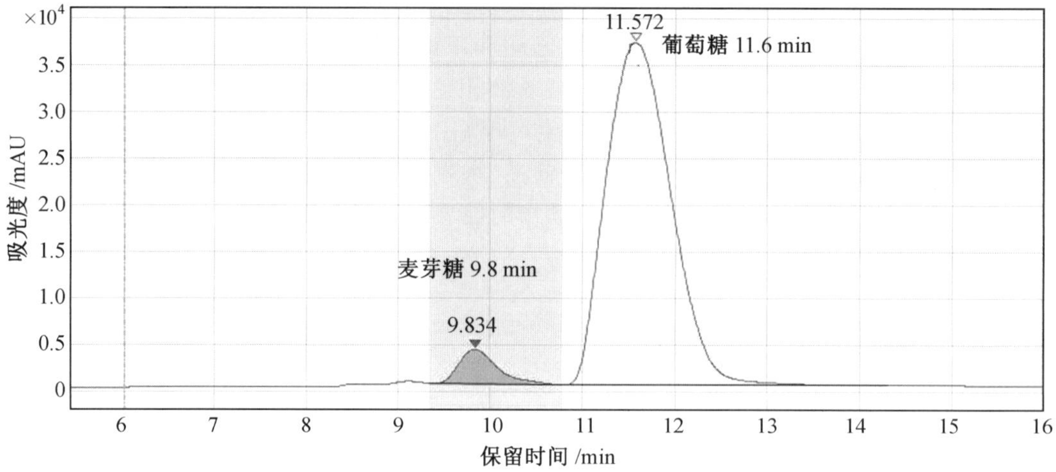

图 4.8 样品图谱

3.结果计算

$$w=\frac{A_{样}\times c_{标}\times V_{样}}{A_{标}\times m_{样}\times 1\ 000}\times 100\%$$

式中 $A_{样}$——试样稀释液葡萄糖的峰面积；

$c_{标}$——葡萄糖标样浓度，mg/mL；

$A_{标}$——标准溶液葡萄糖的峰面积；

$m_{样}$——试样的质量，g；

$V_{样}$——样品稀释液体积，mL。

五、注意事项

(1)示差检测器使用时每天冲洗参比池 10～20 min，确保参比池中组分与流动相相同。

(2)先升柱温至 80 ℃再提流速(0.1 mL/min→0.5 mL/min)；先减流速(0.5 mL/min→0.1 mL/min)再降柱温至室温，避免柱温过低，流速较高(0.5 mL/min)将导致柱压过高，损坏色谱柱。

(3)禁止柱压超过耐受值。色谱柱最大耐受压力为 40 bar，流速最高为 0.5 mL/min，运行时注意设定柱压上限。

六、思考题

(1)为何 HPLC 法检测糖类物质常选择示差检测器而非紫外检测器？

(2)若色谱图中葡萄糖峰出现拖尾现象，可能是由什么原因引起，如何优化？

实验四十四　气相色谱法测定有机酸含量

一、实验目的

(1)理解气相色谱法测定有机酸的基本原理及其在食品分析中的应用。
(2)掌握有机酸的甲酯化衍生方法及气相色谱仪的操作流程。
(3)学会通过标准曲线法定量分析样品中有机酸的含量。

二、实验原理

气相色谱法利用组分在流动相和固定相中的分配系数不同实现分离,不仅可以检测挥发性有机酸,也可以将不挥发的有机酸通过甲酯化或衍生化转变为挥发的衍生物再检测,常用于食品中多种有机酸含量的检测。

用气相色谱法检测有机酸的优点:
(1)检测时间短,一般几分钟或几十分钟内可以分析一个试样;
(2)灵敏度高,可检测毫克级的物质;
(3)选择性高,可分离性能相近物质和多组分混合物。

三、实验仪器与试剂

1. 仪器

气相色谱仪(PANNA A91)。

2. 试剂

浓硫酸(AR)、甲醇(HPLC 级)、三氯甲烷(AR)、氯化钠(AR)、氢氧化钠(AR)、无水硫酸钠(AR)、乙酸(99.5%)、异丁酸(99%)、乳酸(85%)、异戊酸(99%)、草酸(99.5%)、4—氧代戊酸(98%)、柠檬酸(99%)、丁二酸(99.5%,AR)、去离子水。

(1)1 mol/L 氢氧化钠溶液。称取 40 g 氢氧化钠固体于 1 L 容量瓶中,加去离子水溶解并定容至刻度。

(2)饱和氯化钠溶液。称取 200 g 氯化钠固体于试剂瓶中,加入 500 mL 水,摇匀溶解后,保证溶液中氯化钠有剩余,室温静置,使用时取上清液。(氯化钠在 20 ℃水中的溶解度为 36 g/100mL。)

(3)10%硫酸—甲醇溶液(甲酯化试剂)。取 1 个 500 mL 烧杯,用量筒量取 400 色谱级甲醇于其中,用 50 mL 量筒量取 50 mL 浓硫酸缓慢加入 400 mL 甲醇中(边加边搅拌),冷却后转移到 500 mL 容量瓶中,用甲醇定容至刻度,混匀,备用。

四、实验步骤

1. 各有机酸标准曲线绘制

(1)有机酸混标储备液(8 mg/mL,以乙酸为例)。准确称取标样乙酸 0.2 g、异丁酸 0.1 g、乳酸 0.6 g、异戊酸 0.1 g、草酸 0.1 g、4—氧代戊酸 0.2 g、丁二酸 0.2 g、柠檬酸

0.1 g于 25 mL 容量瓶中，加 10%硫酸—甲醇溶液溶解并定容至刻度，摇匀，备用。

(2)有机酸混标线性溶液。分别移取不同体积的有机酸储备液于容量瓶中，用 10%硫酸甲醇定容至刻度线，配制成有机酸标样线性溶液，具体配制数据见表 4.7。

表 4.7 标准溶液配制数据

线性溶液	储备液取样体积/mL	定容体积/mL	有机酸含量/(mg·mL^{-1})(以乙酸为例)
一级标样	1	1	8
二级标样	5	10	4
三级标样	2.5	10	2
四级标样	1.25	10	1
五级标样	0.75	10	0.5

2.标样衍生过程

分别取 1 mL 标样线性溶液于顶空瓶(20 mL)(反应瓶)中，加入 3 mL 10%硫酸—甲醇溶液(甲酯化试剂)，放入 70 ℃烘箱中 1 h，冷却后加入 2 mL 饱和氯化钠溶液、4 mL 氯仿，摇匀，静置(或 4 000 r/min 离心 5 min)，取 1 mL 氯仿层(下层溶液)至 10 mL 离心管中，离心管内提前加约 0.5 g 无水硫酸钠(吸收水分)，过膜，进样。具体数据见表 4.8。

表 4.8 制作标准曲线实验数据

有机酸含量/(mg/mL，以乙酸为例)	标样取样体积/mL	10%硫酸—甲醇体积/mL	饱和氯化钠溶液体积/mL	三氯甲烷体积/mL	有机酸峰面积(以乙酸峰面积为例)
8	1	3	2	4.0	1 745.23
4	1	3	2	4.0	846.31
2	1	3	2	4.0	403.5
1	1	3	2	4.0	199.29
0.5	1	3	2	4.0	105.19
0.25	1	3	2	4.0	51.05
0.125	1	3	2	4.0	25.69
0.062 5	1	3	2	4.0	13.43
0.031 2	1	3	2	4.0	6.4

3.发酵液样品检测

(1)取发酵液于 2 mL 离心管中，以速度 12 000 r/min 离心 7 min；取上清液于 −20 ℃冰箱保存。

(2)测样前，将样品解冻后取 1 mL 上清液至顶空瓶(20 mL)中，加入 0.2 mL 1 mol/L氢氧化钠(与酸反应生成盐，防止烘干时有机酸挥发)，超声 30 min，放入 105 ℃

烘箱中烘干 2 h；待样品完全干燥后，加入 4 mL 10%硫酸－甲醇溶液－甲酯化试剂，拧紧盖子放入 70 ℃烘箱中烘干 1 h，冷却后加入 2 mL 饱和氯化钠溶液、4 mL 氯仿，摇匀，静置（或 4 000 r/min 离心 5 min），取 1 mL 氯仿层（下层溶液）至离心管中，离心管内提前加约 0.5 g 无水硫酸钠，过膜，参照表 4.9 参数进样分析。

4. 气相色谱条件

表 4.9　气相色谱条件

	升温速率/(℃·min^{-1})	下一温度/℃	保持时间/min	运行时间/min
初始柱温	—	35	6	6
第 1 阶段	10	90	3	14.5
第 2 阶段	10	160	1	22.5
第 3 阶段	40	240	2	26.5

注：进样量为 1 μL；
分流比为 5∶1；
检测器温度为 300 ℃；
进样口温度为 260 ℃；
色谱柱：HP－5MS，30 m×0.32 mm×1 μm；
载气：N_2；
流速：N_2为 25 mL/min；空气为 400 mL/min；氢气为 30 mL/min；
检测器：氢火焰离子化检测器。

5. 检测结果与计算

上述色谱条件下所测各有机酸标样色谱图如图 4.9 所示。

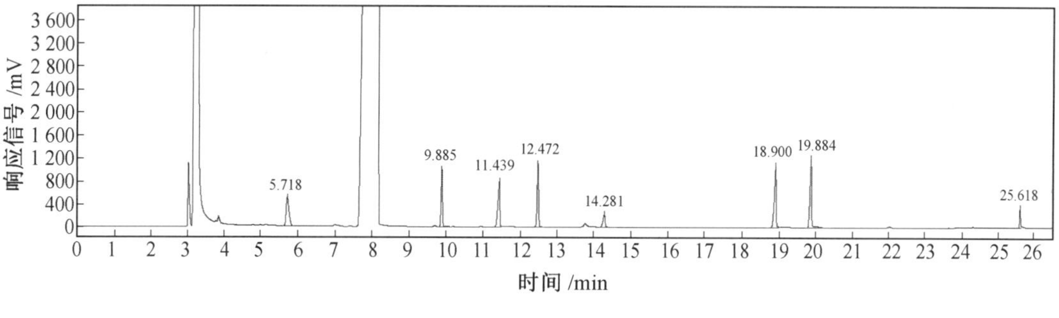

图 4.9　各有机酸标样气相图谱

出峰顺序依次为：乙酸、异丁酸、乳酸、异戊酸、草酸、4－氧代戊二酸、丁二酸、柠檬酸。乙酸、4－氧代戊二酸、丁二酸浓度在 0.031 2～8 mg/mL 范围内，线性较好，乳酸浓度在 0.093 6～24 mg/mL 范围内，线性较好，异丁酸、异戊酸、草酸、柠檬酸浓度在 0.015 6～4 mg/mL范围内，线性较好。

计算公式如下：

$$c_{有机酸}=(AX+B)\times D\quad(\mathrm{mg/mL})$$

式中　A——标准曲线斜率；

B——标准曲线截距；

X——样品峰面积；

D——样品稀释倍数。

五、注意事项

(1)本实验中，有机酸做定量分析，取上清液时需准确移取。

(2)上清液需放冰箱冷冻。

(3)饱和氯化钠的作用：促进分层。待溶剂分层，若氯仿层浑浊，需过膜。

(4)因发酵液基体成分复杂，在连续进样 30 针以上时，需观察进样针的推拉杆是否顺畅，若推拉时有阻塞感，需用丙三醇超声洗涤 30 min。

六、思考题

(1)甲酯化反应的目的是什么？若不衍生直接进样会有什么问题？

(2)饱和氯化钠在实验中的作用是什么？能否用其他盐替代？

(3)如何根据色谱图判断各有机酸的分离效果？

第 5 章　虚拟仿真实验

实验四十五　紫外—可见分光光度计测定饮料中茶多酚含量

一、实验目的

(1)掌握紫外—可见分光光度计的基本操作原理及虚拟仿真软件的使用方法。

(2)理解茶多酚含量的测定原理,熟悉朗伯—比尔定律在定量分析中的应用。

(3)通过虚拟仿真实验,学习光谱扫描、基线校正、定量测定及数据分析的完整流程。

(4)培养实验设计能力与仪器操作的规范性,为实际实验操作奠定基础。

二、实验原理

茶多酚是茶叶中多酚类物质的总称,主要包括黄烷酮类(如儿茶素)、黄酮醇类、花色素类、花白素类、酚酸及缩酚酸类等化合物。其中,黄烷酮类(尤其是儿茶素类化合物)占茶多酚总量的60%～80%,是其主要活性成分,其次是黄酮醇类。茶多酚易溶于水、乙醇、甲醇等极性溶剂,但不溶于氯仿,这一溶解特性为其提取及检测提供了基础。

茶多酚分子中的共轭结构(如苯环)在波长 274 nm 处有特征吸收峰,通过紫外分光光度计测定其吸光度,无须显色反应,操作更简便,但需确保样品溶液中无其他紫外吸收物质干扰。

本实验是根据普析 TU1901 双光束紫外—可见分光光度计(以下简称紫外分光光度计)及普析通用 UVWin 5.1.0 工作站软件进行开发的仪器分析仿真系统。操作手册内容主要包括仿真系统的基本操作知识以功能模块的描述。

三、实验试剂及设备(虚拟环境)

1. 虚拟试剂

茶多酚标准溶液(系列浓度)、待测饮料样品、去离子水(用于空白校正)、废液杯(虚拟清洗与废液处理)。

2. 虚拟仪器与软件

紫外—可见分光光度计仿真系统(含光度计、比色皿、吸收池)。

普析通用 UVWin 5.1.0 工作站软件(光谱扫描、定量测定模块)。

实验流程仿真界面(含实验准备、数据录入、报告生成功能)。

四、实验步骤

1. 系统启动与界面熟悉

启动仿真客户端，选择“单机练习”或“局域网模式”。进入主界面后，熟悉功能模块，左上角为实验装备选择区（分光光度计、比色皿等）；右上角为操作引导提示（实验步骤指引）；功能按钮：任务流程、数据查看、报告填写、帮助文档。

2. 启动仪器

点击紫外分光光度计电源开关，启动虚拟仪器；点击电脑屏幕电源，运行 UVWin 5.1.0工作站软件，如图 5.1 所示。

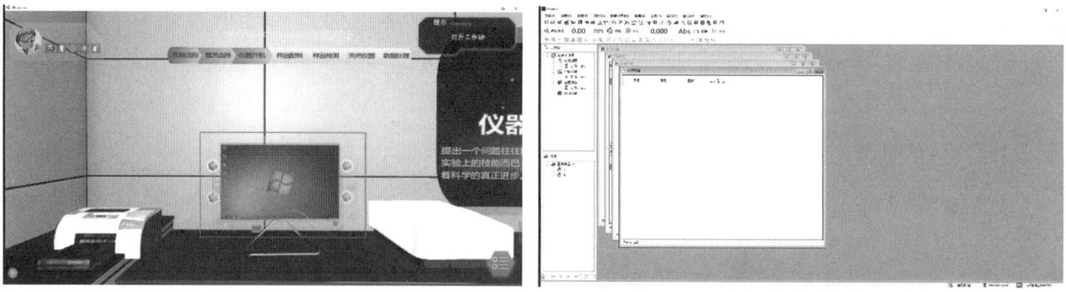

图 5.1　虚拟紫外分光光度计及工作站运行界面

3. 实验准备

点击仿真操作区的广口瓶，出现标样配制界面。在相应的位置输入标准样品的体积，点击确认完成配制，如图 5.2 所示。

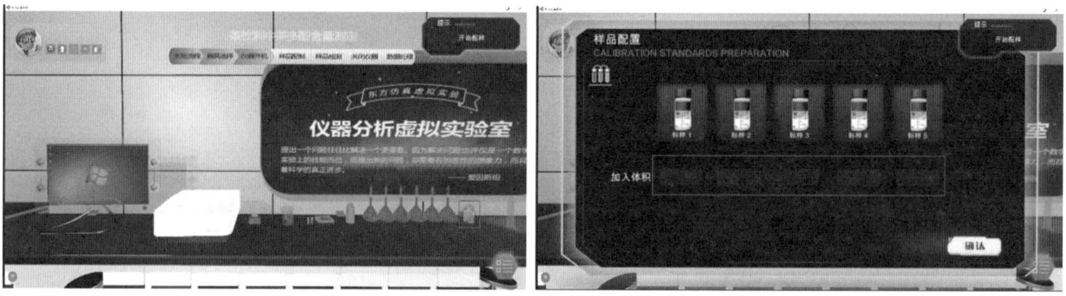

图 5.2　虚拟实验标准样品配制界面

点击工作站软件左侧工作室中的光谱扫描图标，显示光谱扫描界面，点击工具栏中的参数设置按钮，设置光谱扫描参数；设置光度方式为“Abs”，根据实验项目设置相应的扫描参数起点和终点，速度为“中”，间隔为“1 nm”，设置显示范围最大为“1.5”，最小为“0”，点击“确定”按钮，完成光谱扫描参数设置，如图 5.3 所示。

图 5.3　参数设置界面

放入比色皿：打开紫外分光光度计吸收池盖。点击桌面上装有纯水的比色皿，将比色皿放入仪器内参比池。点击场景中的去离子水，将去离子水倒入比色皿中，作为空白溶液，进样。关闭紫外分光光度计吸收池盖，如图 5.4 所示。

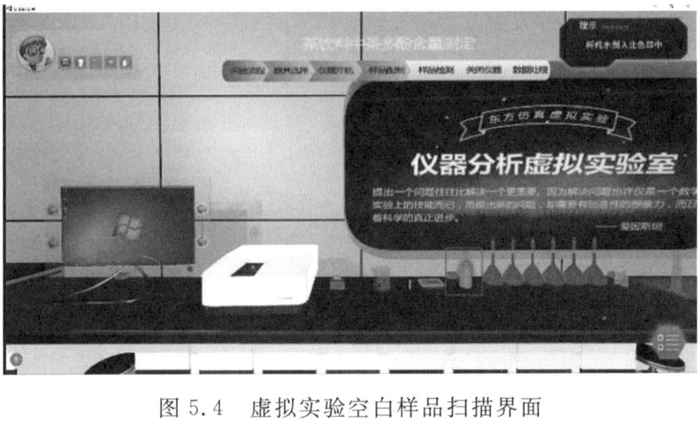

图 5.4　虚拟实验空白样品扫描界面

点击工作站软件工具栏基线校正图标，在弹出对话框中单击“确定”，进行基线校正；基线校正完毕后，打开紫外分光光度计吸收池盖。

4. 标准溶液测定

取出紫外分光光度计样品池中比色皿，将样品皿中液体倒入废液杯中；点击去离子水瓶，对比色皿进行清洗；点击比色皿，将水倒入废液杯中。点击 1 号容量瓶瓶盖，打开瓶盖，将 1 号标液倒入比色皿中。如图 5.5 所示。点击容量瓶盖子，盖上瓶盖；点击比色皿进样（从左至右依次为 1、2、3、4、5、6 号容量瓶）；关闭紫外分光光度计吸收池盖。

图 5.5　虚拟实验标准溶液扫描界面

进样完毕，点击工作站软件工具栏中的开始按钮，对 1 号容量瓶样品进行光谱扫描，扫描完毕点击工具栏中的峰值检出按钮，检索出扫描曲线最大峰值及其所对应的波长，此波长即为标准品特征波长，如图 5.6 所示。

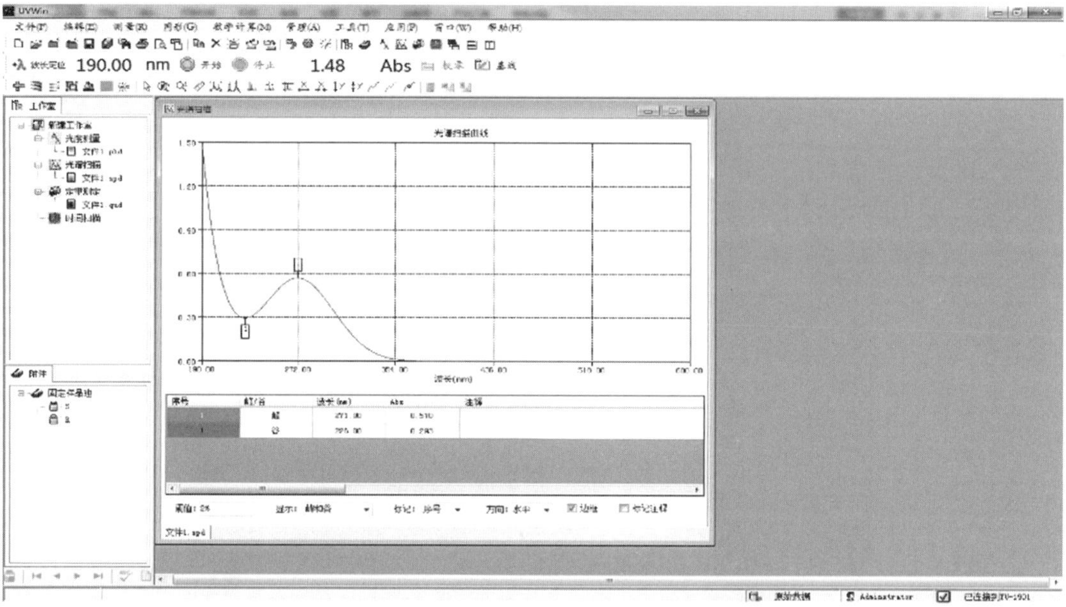

图 5.6　虚拟实验波长扫描界面

点击“保存”按钮输入文件名，保存后缀名为 spd 的数据文件。

5. 定量测定

点击工作站软件左侧工作室中的“定量测定”图标，显示定量测定界面，点击工具栏图标“参数设置”按钮，进行定量测定参数设置；设置测量方法为“单波长法”，根据相应的实验项目输入主波长值，点击“确定”校正曲线页。如图 5.7 所示。

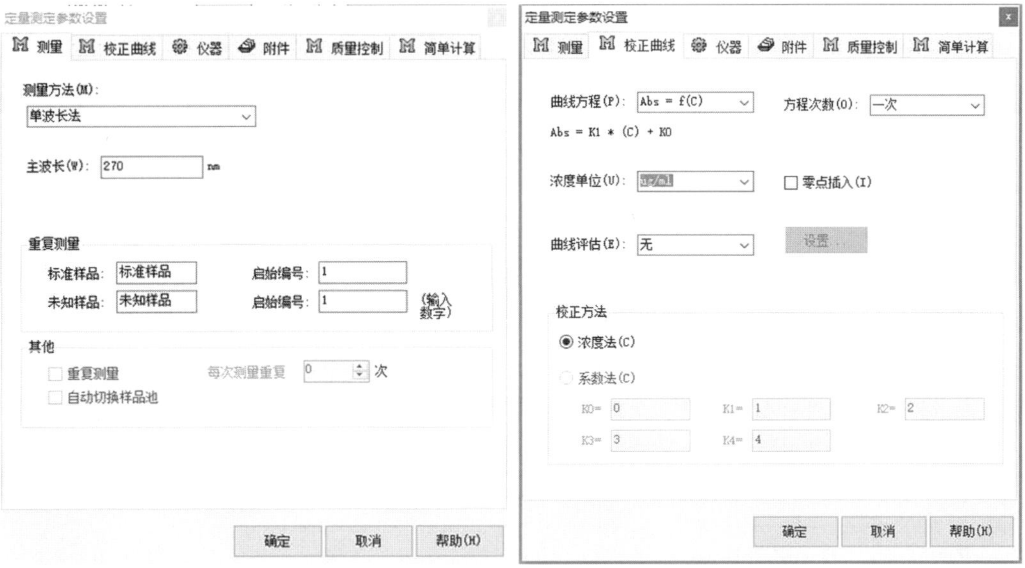

图 5.7　虚拟实验定量测定参数设置界面

设置曲线方程为“Abs＝f(C)”，设置方程次数为“一次”，设置浓度单位为“μg/mL”，设置曲线评估为“无”，点击“确定”按钮，完成参数设置，如图 5.8 所示。

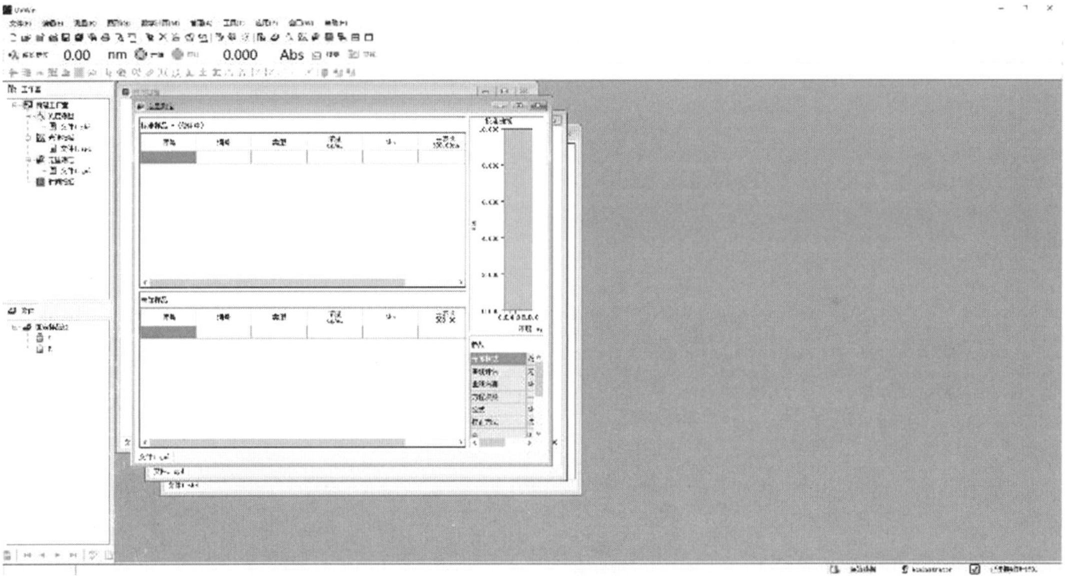

图 5.8　虚拟实验定量测定界面

打开紫外分光光度计吸收池盖，取出样品池中比色皿，将样品皿中液体倒入废液杯中；点击去离子水瓶，对比色皿进行清洗；点击比色皿，将水倒入废液杯中；再次点击去离子水瓶，将去离子水倒入比色皿中，进样。关闭紫外分光光度计吸收池盖，点击工作站软件工具栏中的“校零”图标，校零完毕后，打开紫外分光光度计吸收池盖，取出样品池比色皿，将样品皿中液体倒入废液杯中；点击纯水瓶，对比色皿进行清洗；点击比色皿，将水倒入废液杯中。

点击 1 号容量瓶瓶盖，打开瓶盖，点击 1 号容量瓶将标样倒入样品皿中，点击容量瓶盖子，盖上瓶盖；点击比色皿进样（从左至右依次为 1、2、3、4、5、6 号容量瓶）；关闭紫外分光光度计吸收池盖。

在工作站软件“标准样品栏”输入编号和 1 号样品浓度，点击“开始”按钮，测定 1 号标准样品吸光度值；用同样方法依次测定 2 号、3 号、4 号和 5 号标准溶液的吸光度，输入浓度值，可以看到工作站软件右侧自动绘制出的校正曲线。

6. 待测样品分析

将饮料样品倒入比色皿，测定吸光度值，代入标准曲线计算茶多酚浓度。以同样的方法平行测量 3 次。如图 5.9 所示。

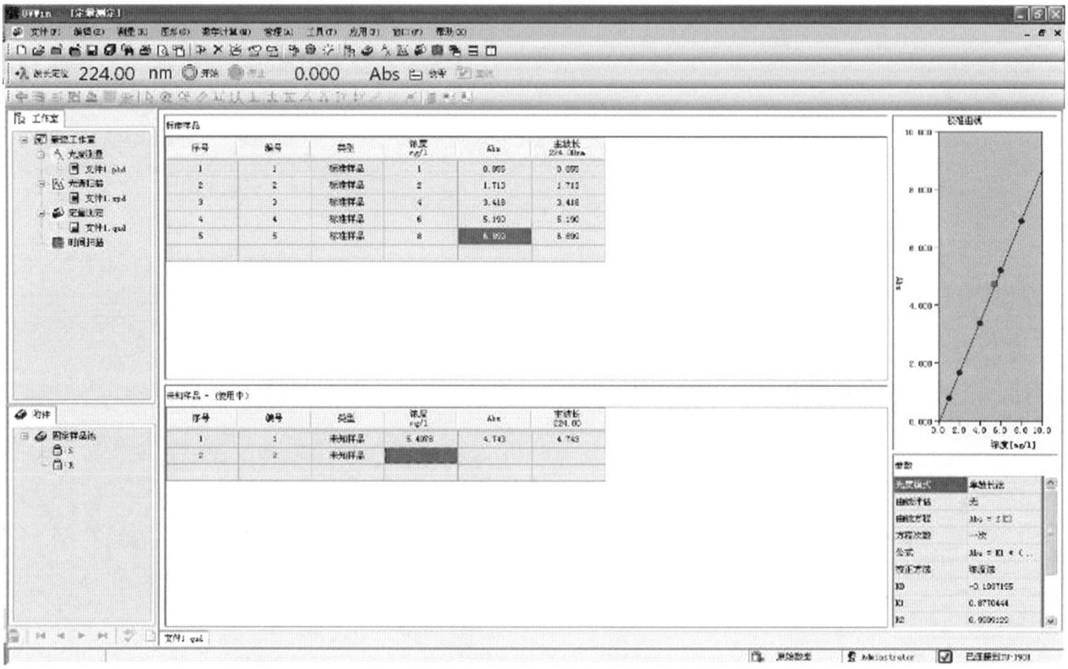

图 5.9　虚拟实验标准曲线及样品测量界面

7. 数据记录与实验报告

在“数据”模块查看结果，填写虚拟实验报告（包括参数设置、吸光度值、计算结果），提交报告并退出系统。

五、注意事项

（1）参数设置准确性。扫描范围、波长间隔等参数需严格按照实验要求输入，避免数据偏差。

（2）空白校正必要性。每次更换溶液前需清洗比色皿并重新校零，确保数据可靠性。

（3）操作规范性。虚拟仿真中需按步骤操作，不可跳过关键流程（如基线校正）。

（4）及时保存光谱文件与测定数据，核对标准曲线线性（R^2 值应接近 1）。

（5）结合理论知识。操作过程中需同步理解实验原理（如朗伯—比尔定律的应用场景）。

六、思考题

(1)若标准曲线线性不佳,可能的原因有哪些?如何优化实验条件?

(2)实际实验中,比色皿洁净度对吸光度测定有何影响?虚拟实验如何模拟这一因素?

附:紫外一可见分光光度计虚拟实验室使用说明

一、初步认识

按以下步骤启动软件:

(1)点击桌面【仿真客户端】图标,启动客户端。

(2)如果进行单机练习,则双击"单机练习"按钮;如果需要连接教师站运行,请根据教师站配置信息输入相关基本信息及教师站地址,然后点击"局域网模式"。

(3)进入要学习的软件。

(4)出现培训项目选择界面后,根据需要选择相关的培训项目,然后进入软件。

二、主界面认识

在程序加载完毕后,出现仿真操作主界面,如图 5.10 所示。

图 5.10 仪器分析虚拟实验室界面

点击"确认"后,进入训练模式选择界面,如图 5.11 所示。

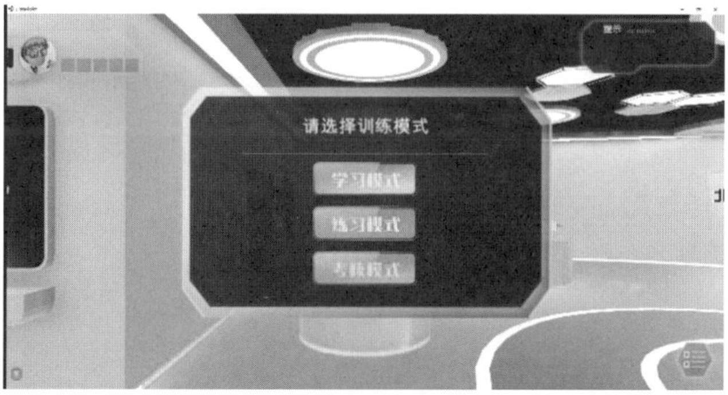

图 5.11 训练模式选择界面

左上角“装备”显示区:选取实验室装备后,方框内显示相应的装备。

右上角“引导提示”:在“练习模式”时进行实验步骤提示。

左下角功能按钮:点击按钮,出现功能地图,实时显示操作者所在位置,如图5.12所示。

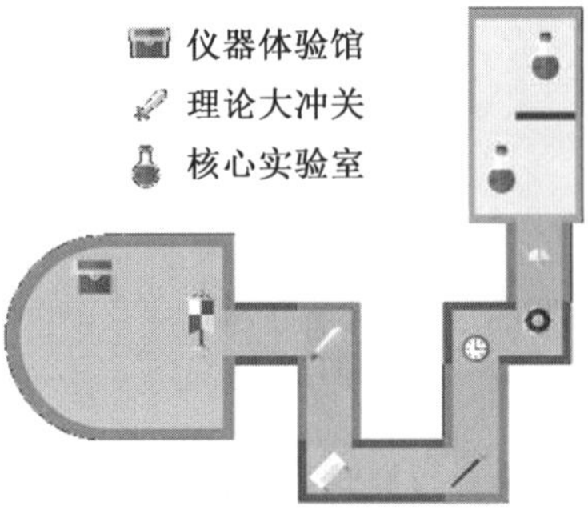

图 5.12　功能地图界面

右下角功能按钮,点击按钮出现菜单栏,如图 5.13 所示。

图 5.13　菜单栏

点击图 5.13 中【任务】按钮,可查看实验流程,如图 5.14 所示。

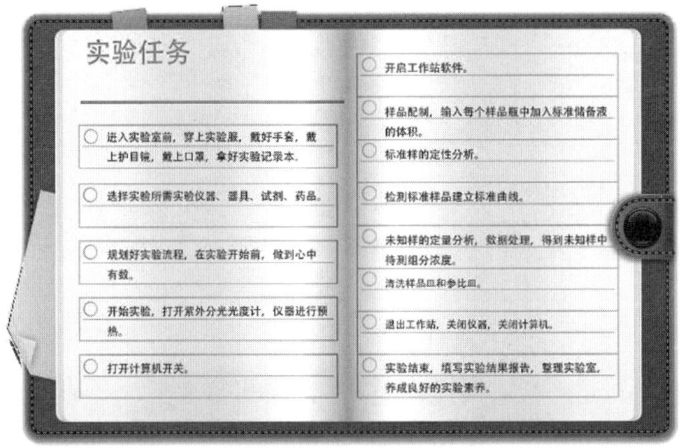

图 5.14　实验流程界面

点击图 5.13 中【数据】按钮,可查看实验结果。实验结束后,在图 5.13 界面中点击【报告】,填入相应的实验结果。

图 5.15　实验结果界面

点击图 5.13 中【帮助】按钮，可查看各功能键的介绍，如图 5.16 所示。

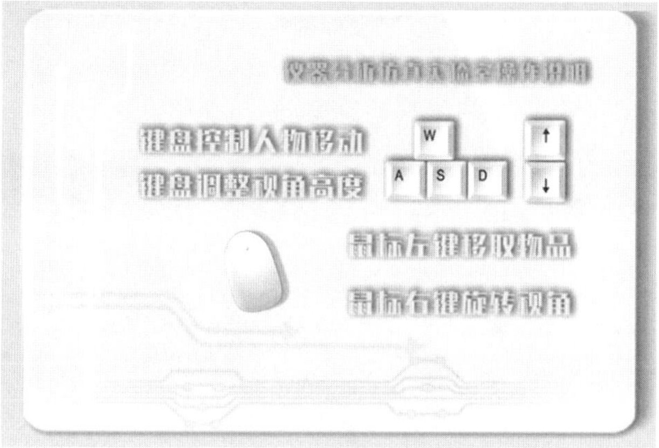

图 5.16　功能键介绍界面

点击图 5.13 中【返回】按钮，可在图 5.17 界面中进行【返回体验区】或者【退出软件】选择。

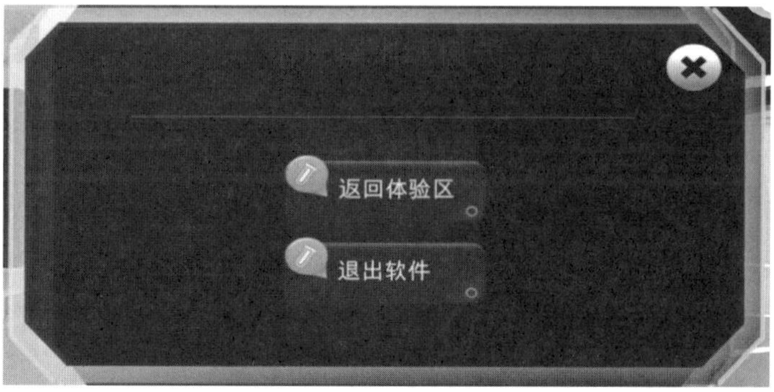

图 5.17　退出界面

三、三种模式介绍

点击图 5.11 中

,进入学习模式,可在整个体验区漫游学习。经过闯关式的学习模式进入实验室。

点击走廊墙壁上的“起源与发展”模块,可进行相关知识点学习,如图 5.18 所示。学习后,点击右侧答题板进行答题,答案正确通道门开启,进入下一关。

图 5.18　虚拟实验室进入界面

整个通道有五关,闯关成功后,来到实验室门口,如图 5.19 所示。

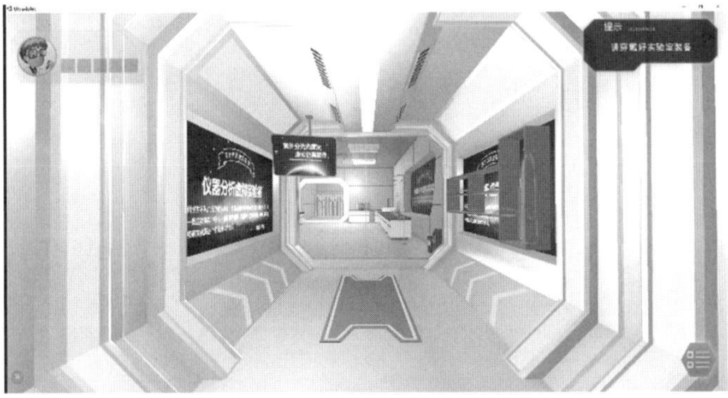

图 5.19　闯关后进入实验室界面

进入实验室后,可以在弹出界面进行实验项目选择,如图 5.20 所示。

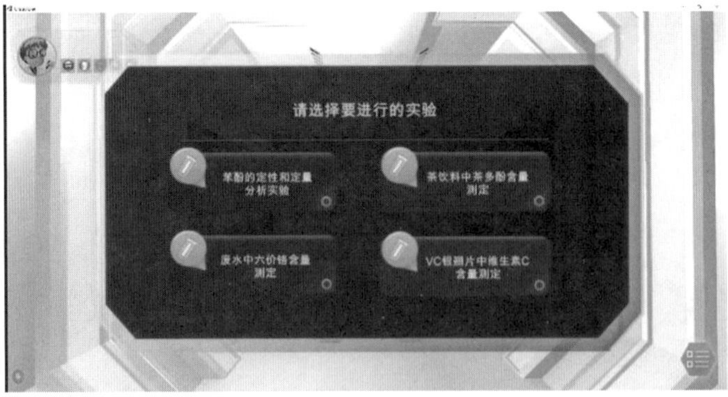

图 5.20　实验选择界面

选择对应的实验项目后，可以学习实验原理和目的，点击“我知道了”按钮即可退出学习界面，如图 5.21 所示。

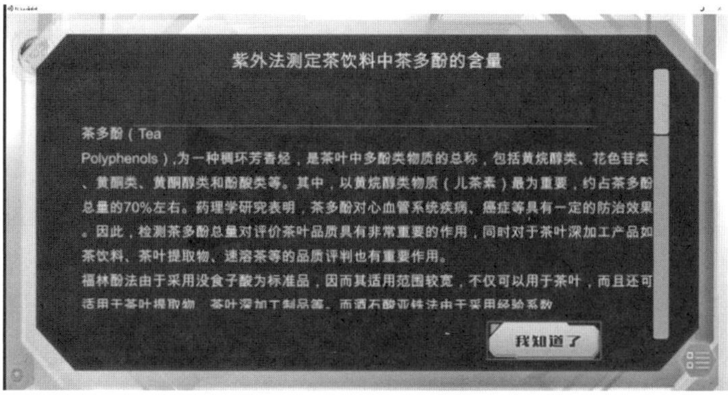

图 5.21　实验学习界面

实验流程搭建：点击右侧区域内图标并移动到左侧相应区域后，点击“确认”按钮，如图 5.22 所示。

图 5.22　实验流程搭建界面

实验物品选择：以同样方式选取实验所需物品，点击“确认”按钮，如图 5.23 所示。

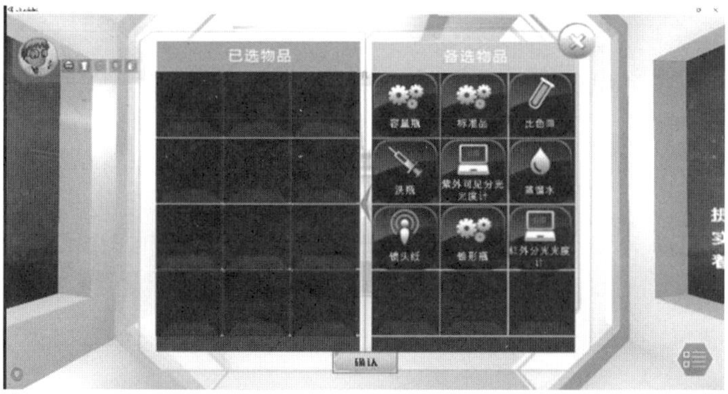

图 5.23　实验物品选择界面

实验室门开启，进入实验区域。点击仪器和旋转物品学习实验原理和操作，如图5.24 所示。

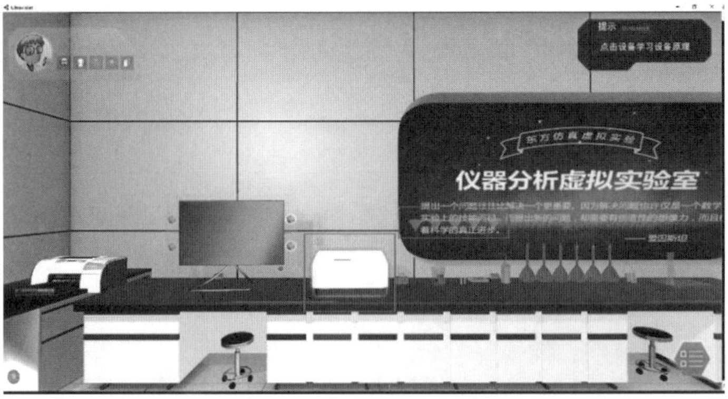

图 5.24　实验仪器界面

进入实验室后，根据右上角提示和高亮提示进行练习实验操作，界面中上方有相应实验进度显示，如图 5.25 所示。

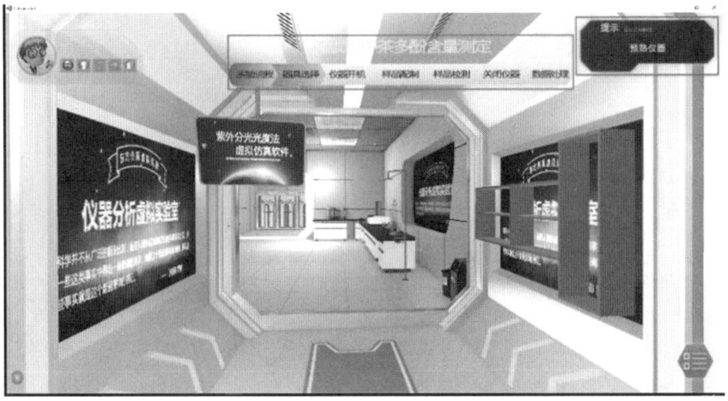

图 5.25　实验进度显示界面

“考核模式”与“练习模式”相比，无实验操作提示，无进度显示，无高亮提示。

四、模块认识

仿真系统包括了以下模块：

(1)仿真现场操作模块，主要用于实验操作中对现场设备的操作仿真，其包括了四个子模块，分别是紫外分光光度计模块、进样模块、电脑模块、实验样品配制模块。

(2)仿真工作站模块，主要用于实验操作中对工作站操作的仿真，包括了以下功能模块。

①光谱扫描。

a. 光谱扫描参数设置模块；

b. 基线校正模块；

c. 谱图扫描模块；

d. 峰值检出查看模块。

②定量测定。

a. 定量测定参数设置模块；

b. 自动校零模块；

c. 标准样品主波长吸光度测定模块；

d. 未知样品主波长吸光度测定模块；

e. 分析结果模块。

③分析报告。

a. 报告查看；

b. 报告保存。

(3)实验总览模块，主要用于显示本次仿真实验操作流程信息。

(4)理论测试模块，提供一套与本实验密切相关的理论测试题。

(5)实验说明模块，主要用于显示本次仿真具体实验方面的信息。

(6)单步操作提示模块，提示当前应该进行操作的步骤。

(7)智能评价系统，对整个培训过程进行智能评判。

实验四十六　水杨酸的红外光谱鉴别

一、实验目的

(1)掌握红外光谱仪的基本原理与结构，了解傅里叶变换红外光谱仪(FTIR)的工作原理及仪器组成。

(2)通过虚拟仿真操作，掌握样品前处理、谱图采集、数据处理及结果分析的标准化流程。

(3)学习利用红外光谱特征峰对水杨酸进行定性分析，理解其在医药、化工等领域的应用价值。

(4)通过虚拟故障排查与维护模块，熟悉红外光谱仪的日常维护方法及常见故障处理。

二、实验原理

红外光谱是基于分子振动能级跃迁产生的吸收光谱。不同官能团(如－OH、C＝O、苯环等)在特定波长处产生特征吸收峰，可用于化合物的定性与结构分析。通过干涉仪生成干涉图，经傅里叶变换将时域信号转换为频域光谱图。相较于色散型光谱仪，FTIR 具有高灵敏度、高分辨率及快速扫描的优势。

傅里叶变换光谱仪利用干涉图与光谱图之间的对应关系，通过测量干涉图并对干涉图进行傅里叶积分变换的方法来测定和研究近红外光谱。可以对样品进行定性和定量分析，广泛应用于医药化工、地矿、石油、煤炭、环保、海关、宝石鉴定、刑侦鉴定等领域。

红外光谱虚拟仿真实验室分为四大模块，包含内容丰富的理论知识、视频动画，还有标准流程的实践操作区，维护与故障的设置是本软件的一大亮点，学生可以依据自身情况，选择适合自己的学习阶段，每个学生都可以自由学习。实验内容包括样品配制、光谱鉴别等。

三、实验试剂及设备(虚拟环境)

虚拟试剂：溴化钾(KBr)片(用于背景及样品压片)、水杨酸样品(虚拟粉末)。

虚拟设备：傅里叶变换红外光谱仪、压片机(用于制备 KBr 压片)、计算机工作站(含光谱采集与处理软件)。

软件工具：红外光谱虚拟仿真实验平台(含理论知识、仿真实验、维护与故障模块)。

四、实验步骤

1. 软件启动与模式选择

双击桌面快捷方式或安装目录下的 PISPNETRun. exe 文件启动软件，软件启动后可选择“单机练习模式”自主操作学习；或根据教师站配置信息输入相关基本信息及教师站地址选择“局域网模式”，连接教师端进行考核。

2. 实验前准备

穿戴好虚拟实验装备(实验服、护目镜、手套等)后，进入“仿真实验模块”，选择“水杨酸的红外光谱鉴别”项目。

3. 样品前处理

进入虚拟样品制备室，将水杨酸粉末与 KBr 混合研磨，使用压片机制备透明薄片(直径约 1 cm)。

4. 光谱采集

打开虚拟傅里叶变换红外光谱仪及计算机工作站，设置好扫描参数后，将 KBr 片放入样品室。点击“采集背景”，系统自动保存背景光谱后，取出 KBr 片放入水杨酸压片，点击“采集样品”，系统自动生成红外光谱图。

5. 数据处理与分析

将光谱转换为吸光度模式，进行基线校正。使用软件内置谱库(如 User Example Library)进行光谱比对，标注水杨酸特征峰(如羟基 O—H 伸缩振动峰～3 300 cm^{-1}、羧酸 C=O 峰～1 680 cm^{-1})。生成实验报告，保存或打印谱图。

6. 实验后处理

虚拟关闭仪器：依次退出软件、关闭计算机及光谱仪。清理虚拟样品室，提交实验报告。

五、注意事项

(1)分辨率与扫描次数直接影响谱图质量，需按标准设置；每次实验前必须采集背景光谱以消除环境干扰。

(2)虚拟压片需确保样品与 KBr 混合均匀，避免图谱噪声。及时保存实验数据，防止软件异常导致数据丢失。

(3)严格按照虚拟流程操作，培养实际实验中的严谨习惯。

六、思考题

(1)水杨酸红外光谱中,3 300 cm^{-1}、1 680 cm^{-1}和 1 280 cm^{-1}处的吸收峰分别对应哪些官能团?

(2)若实验图谱在 1 700 cm^{-1}附近出现额外峰,可能是什么杂质?如何通过虚拟实验改进纯化步骤?

(3)比较水杨酸与乙酰水杨酸(阿司匹林)的红外光谱差异,说明酯化反应对官能团吸收的影响。

七、拓展学习

(1)维护与故障模块:学习仪器内部结构,模拟拆卸组装及常见故障处理(如光源老化、干涉仪失调)。

(2)视频动画模块:观看真人操作视频,加深对红外光谱分析流程的理解。

附:红外虚拟仿真软件使用说明

一、红外光谱知识的学习

本软件主要介绍红外光谱的基本知识(如红外光谱的基本原理、红外光谱仪器与实验技术、影响振动频率位移的因素、常见化合物的红外谱图、红外吸收光谱的应用);其次还包括化合物的特征谱带的数据表和动画演示。数据表便于学习者查阅,动画形象生动地演示了红外光谱知识中的抽象概念和原理

1. 软件启动

软件安装完成后,可以通过以下两种方式启动仿真软件:

启动方式一:在桌面双击仿真软件快捷方式。

启动方式二:进入软件安装目录,找到 PISPNETRun. exe 文件,双击后可以启动软件。

2. 运行方式选择

启动软件后,将出现信息输入界面,如图 5.26 所示。

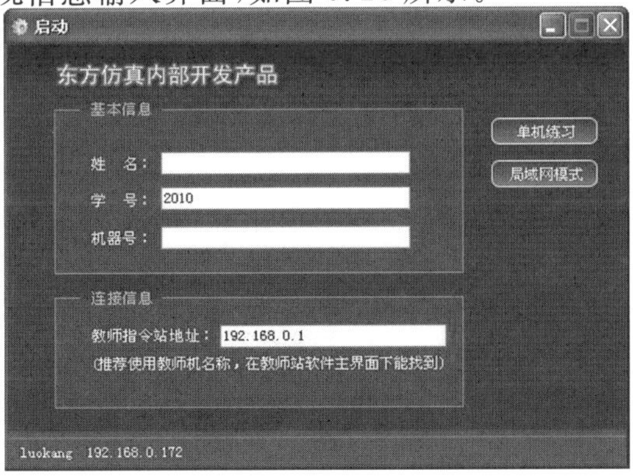

图 5.26　信息输入界面

如果进行单机练习，则点击“单机练习”按钮，如果需要连接教师站运行，请根据教师站配置信息输入相关基本信息以及教师站地址，然后点击“局域网模式”按钮。

二、操作方法

在水杨酸的红外光谱鉴别3D虚拟仿真实验室场景中，视角移动需W、A、S、D键和鼠标右键滑动配合进行，鼠标悬停有文字提示的物体，可以用鼠标左键单击该物体，该物体会进行相应的移动或弹出窗口，如图5.27所示。

可通过右下角菜单栏里的帮助查看操作方法。

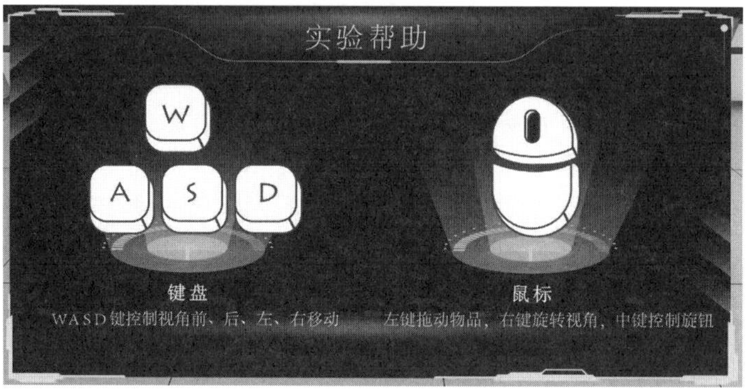

图5.27　软件帮助界面

三、界面介绍

本软件构建了多维度的红外光谱学习平台，通过四大核心模块实现理论与实践深度融合。

1. 理论知识模块

涵盖红外光谱分析方法的基础理论、仪器结构、操作及应用等知识内容，通过点击列表左侧按钮来学习相关知识。

2. 仿真实验模块

从样品前处理到红外光谱仪工作站，模拟了真实的实验操作全过程。

3. 维护与故障模块

该模块展示仪器内部主要结构，包括部件介绍、拆解和组装。该模块便于学生理解仪器部件的组成、结构和工作原理。

4. 视频动画模块

涵盖真人操作视频讲解和仪器工作原理展示，使学生可以形象直观地学习理论知识。

四大模块覆盖“学一练一析一用”完整闭环，充分满足不同层次用户的理论深化与实践能力培养需求，如图5.28所示。

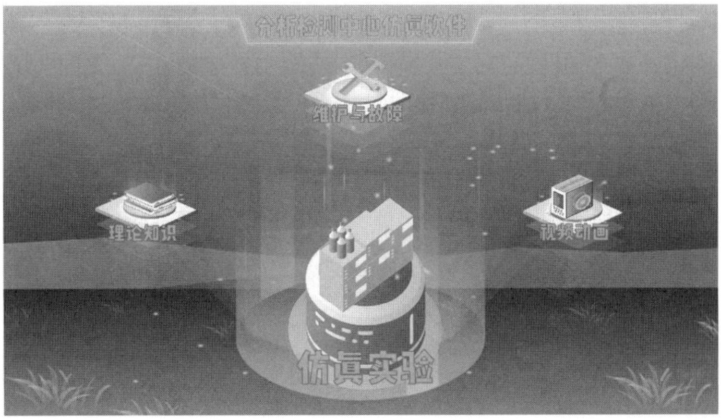

图 5.28　软件四大模块界面

进入仿真实验，有“学习模式”和“考核模式”供选择，如图 5.29 所示。

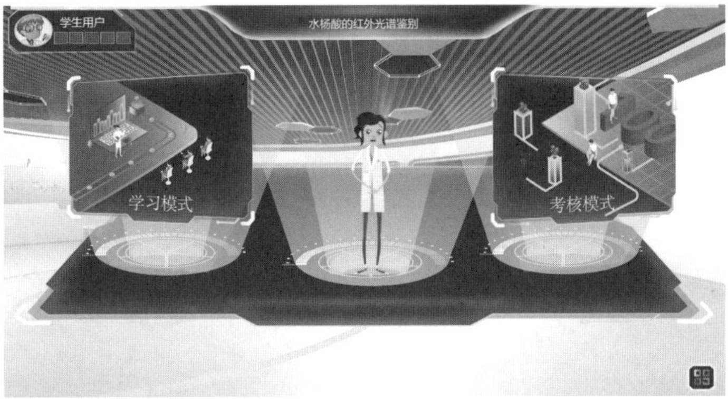

图 5.29　仿真实验运行界面

在“学习模式”下可以任意进入模块，并且有高亮提示引导操作，如图 5.30 所示。

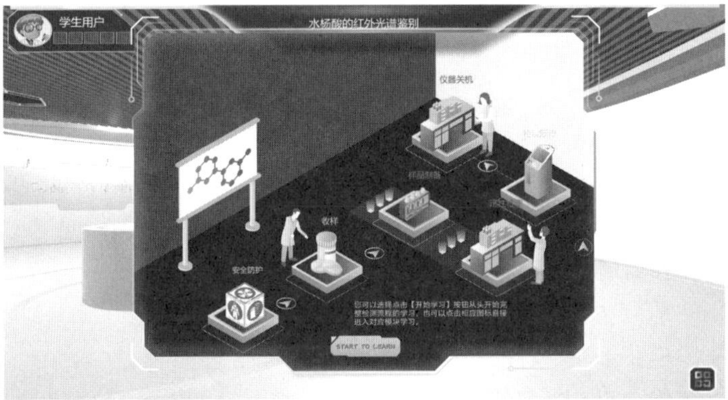

图 5.30　“学习模式”界面(一)

进入实验室可以根据右侧的步骤提示进行操作，如图 5.31 所示。

图 5.31 “学习模式”界面(二)

或者点击任务栏上的工程图标，找到评分系统，打开评分界面，按照提示步骤操作。

四、理论知识模块

回到仿真软件主界面，通过左侧按钮切换知识点界面，通过知识点界面左上角返回按钮可回到主界面，如图 5.32 所示。

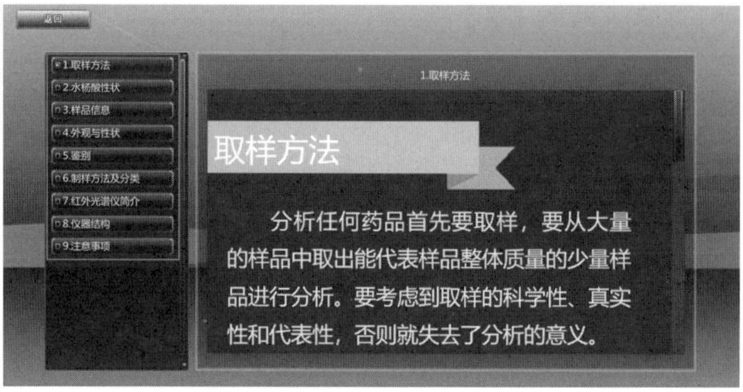

图 5.32 知识点界面

五、维护与故障模块

聚焦仪器维护与故障处理能力培养，构建“结构认知—原理剖析—实操演练”三位一体的学习体系。模块下设分解、机理、故障、维护四大单元：

(1)分解部分涵盖红外光谱仪关键部件立体结构及位置的展示；

(2)机理部分展示红外光谱仪分析检测的工作原理；

(3)故障和维护模拟日常故障现象处理和维护的注意事项。

四部分形成“解构—认知—处置—预防”的完整闭环，以提升用户设备运维与故障排除的实战能力，如图 5.33 所示。

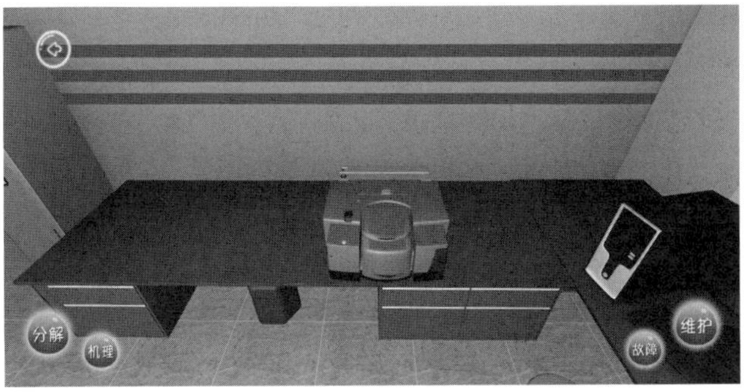

图 5.33　设备分解、机理、故障、维护界面

实验四十七　原子荧光光谱法测定植物油中微量砷含量

一、实验目的

(1)掌握原子荧光光谱法(AFS)测定砷的基本原理及操作流程。

(2)熟悉虚拟仿真系统中原子荧光分光光度计的界面功能及操作方法。

(3)学习国家标准《食品安全国家标准　食品中总砷及无机砷的测定》(GB 5009.11—2024)中砷含量测定的计算方法。

(4)培养实验安全意识及规范操作习惯(虚拟环境下)。

二、实验原理

植物油中富含有机物,直接灰化或常规消解易造成砷损失。因此,通常采用燃烧富集法预处理样品:通过燃烧使有机物碳化,结合硝酸镁等灰化辅助剂,将砷固定在灰分中,避免挥发损失。此方法显著提高砷的回收率,解决了传统干灰化法耗时长、易污染的缺陷。

灰化后的样品经酸溶解,加入硫脲将五价砷(As^{5+})还原为三价砷(As^{3+})。在酸性介质中,三价砷与硼氢化钾(KBH_4)反应生成挥发性砷化氢(AsH_3):

$$As^{3+}+KBH_4+3H^+\longrightarrow AsH_3\uparrow+K^++B(OH)_3+H_2\uparrow$$

气态氢化物(AsH_3)经氩气载入原子化器,在氩氢火焰中原子化为基态砷原子。砷化氢由砷空心阴极灯发射的特征波长(193.7 nm)激发基态原子至高能态,退激时发射荧光信号。荧光强度与砷浓度呈线性关系,通过标准曲线定量检测砷的浓度。

定量分析:

通过标准曲线法,测定试样溶液的荧光强度,按照公式计算砷含量:

$$X=\frac{(\rho-\rho_0)\times V\times 1\ 000}{m\times 1\ 000\times 1\ 000}$$

式中　X——试样中砷的含量,mg/kg;

ρ——试样液中砷的含量,μg/L;

ρ_0——空白液中砷的含量,μg/L;

V——试样消化液的定容体积,mL;

m——试样质量,g 或 mL;

1 000——换算系数。

本方法灵敏度高，适用于痕量分析；准确性好，加样回收率 95%～105%，相对标准偏差≤1.05%；抗干扰强，硫脲不仅还原砷，还可掩蔽共存金属离子干扰。

三、实验试剂及设备（虚拟仿真）

1. 虚拟设备

普析 PF7 原子荧光分光光度计、PFWin 工作站软件、氩气瓶、实验台、样品盘、计算机等虚拟模块。

2. 虚拟试剂

标准砷溶液（梯度浓度）、植物油样品（未知砷含量）、硝酸、过氧化氢（模拟样品消解）、硫脲一抗坏血酸混合液（模拟还原剂）。

四、实验步骤（虚拟仿真操作）

1. 实验前准备

进入实验室前，在右侧选择实验装备，穿戴好实验服、护目镜、平底鞋、实验手套等。用鼠标拖动右侧操作单元进行实验流程搭建，学生在进入实验室前需预习好实验，选择实验器具，设计实验流程，如图 5.34 所示。

图 5.34　实验准备界面

2. 开机与气路调节

进入气瓶室，打开氩气主阀门（逆时针旋转），调节支路阀至分压表显示 0.9～1 MPa。如图 5.35 所示。

图 5.35　气路调节界面

3. 样品配置与仪器设置

启动计算机及主机电源，打开 PFWin 工作站软件。拖取虚拟样品至样品盘，设置浓度梯度及空白对照。在工作站中关闭 B/C 道元素灯，填写标准液浓度，设置“参数设置”选项卡，如图 5.36 所示。

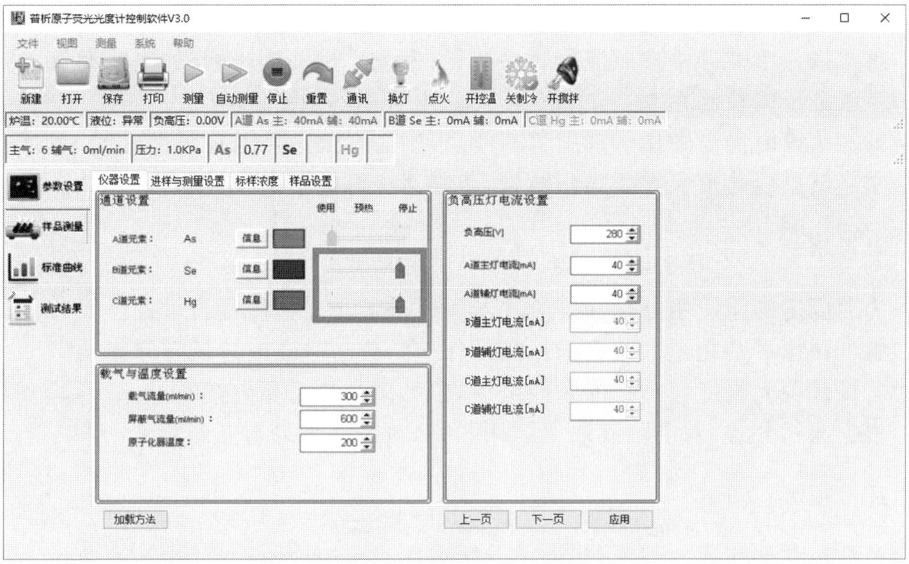

图 5.36　仪器参数设置界面

4. 测量与分析

依次点击“点火”“开控温”“自动测量”，完成标样及试样检测。在“测试结果”选项卡中查看荧光强度及浓度，导出 PDF 格式报告，如图 5.37 所示。

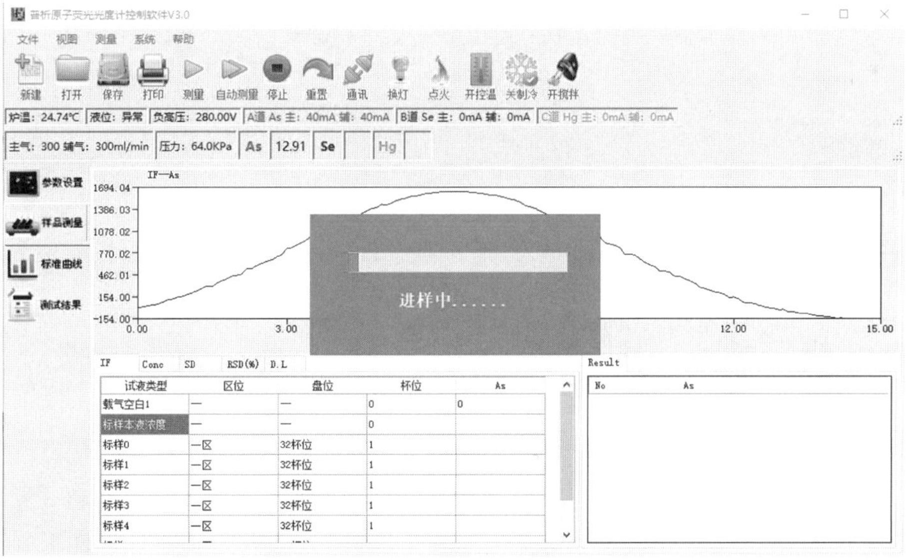

图 5.37　样品测量界面

5. 关机操作

按照实际操作顺序，依次点击"灭火""关控温"按钮，之后关闭工作站和电脑。关闭原子荧光仪器，最后关闭气瓶。

五、注意事项

(1)虚拟操作中需严格按照流程顺序执行，避免跳过关键步骤(如气路调节)。
(2)氩气分压需控制在 0.9～1 MPa，防止原子化不稳定。
(3)填写浓度时需与虚拟试剂配置一致，否则会导致计算结果错误。
(4)实验结束后必须保存并导出数据，否则系统可能不记录成绩。

六、思考题

(1)为何测定砷需使用氢化物发生法？用原子荧光光谱法是否可行？
(2)氩气在原子荧光光谱法中的作用是什么？分压过高或过低有何影响？
(3)若试样荧光强度超出标准曲线范围，应如何调整实验方案？
(4)根据国标公式，若空白液浓度 ρ_0 未扣除，对最终结果有何影响？

七、实验拓展

(1)拓展至其他基质的砷检测，将本方法迁移至其他含油样品(如动物油脂、化妆品油脂)或复杂基质(如海藻肥、土壤)，研究不同消解体系(如硝酸一硫酸一高氯酸混合酸)的适用性。

(2)实际样品检测与标准方法对比，用原子荧光光谱法与国标《食品安全国家标准 食品中总砷及无机砷的测定》(GB 5009.11—2024)中的第一法平行测定同一植物油样品，比较结果一致性。

实验四十八　原子吸收光谱法测定铬含量

一、实验目的

(1)掌握原子吸收光谱法的基本原理及操作流程。
(2)熟悉原子吸收光谱仪的虚拟仿真操作，包括仪器启动、参数设置、样品检测及数据分析。
(3)学习标准曲线法测定铬含量的方法，理解定量分析的原理。
(4)了解仪器维护、故障处理及拆解结构，增强对仪器内部机理的认识。

二、实验原理

原子吸收光谱法的核心原理是基态原子对特征波长光的吸收作用。当铬元素在高温火焰(如空气一乙炔火焰)中汽化形成基态原子蒸气时，其外层电子会选择性吸收与其能级跃迁相匹配的特定波长共振辐射光(如铬的特征吸收波长 357.9 nm)。这种吸收过程遵循朗伯一比尔定律($A=\varepsilon cb$)，即吸光度(A)与铬原子浓度(ρ)及光程长度(b)成正比，其

中 ε 为摩尔吸光系数。

实验采用空心阴极灯作为锐线光源，其发射的铬元素特征光谱具有极窄的半峰宽，能精准匹配基态铬原子的吸收谱线，避免光谱干扰。当该光束通过火焰中的基态铬原子蒸气时，部分光被吸收，透射光强度减弱。通过分光系统分离特征波长后，检测器测量透射光强度，并与入射光强度比较计算吸光度值。

样品的原子化过程通过火焰原子化系统实现：液态试样经雾化器转化为气溶胶，在高温火焰中经历脱水、热解等步骤，最终形成稳定的基态原子云。由于火焰温度(2 000～3 000 K)下绝大多数铬原子处于基态，基态原子数可近似视为总原子数，从而保证吸光度与总浓度的线性关系。定量分析时，通过标准曲线法或标准加入法建立吸光度与浓度的对应关系，最终确定试样中铬含量。

该方法具有高选择性(元素特异性吸收谱线)、高灵敏度(可检测 10^{-9} 级浓度)及稳定性强(锐线光源减少干扰)的特点，但需注意火焰条件、共存离子干扰等因素对测定的影响。本实验通过 3D 交互模拟仪器操作、结构拆解及维护流程，强化理论知识与实践技能的结合。

三、实验试剂及设备(虚拟仿真环境)

1. 试剂(虚拟模块中模拟操作)

铬标准溶液(0～80 ng/mL)、硝酸(HNO_3，用于样品消解)、氩气(Ar，作为保护气体)。

2. 设备

原子吸收光谱仪(石墨炉法)、电子天平、消解装置、自动进样器(ASC)、氩气钢瓶、排风系统、循环水装置。

四、实验步骤

1. 软件启动与模式选择

双击桌面快捷方式或 PISPNETRun. exe 文件，选择“单机练习”模式，进入“仿真操作”模块，选择“铬含量测定”实验项目。

2. 样品处理与制备(虚拟场景操作)

进入天平室，准确称取 0.5 g±0.01 g 样品。然后在前处理室用硝酸消解样品至澄清，消解完成后，配制供试品及浓度为 0～80 ng/mL 标准溶液，如图 5.38 所示。

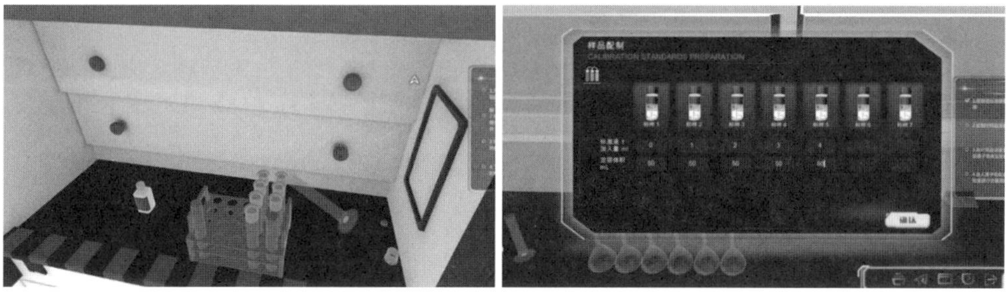

图 5.38　样品处理与制备界面

3. 仪器启动与参数设置

开启氩气瓶、排风系统、循环水及光谱仪，登录工作站，选择铬元素(357.9 nm)，勾选“ASC 自动进样器”，依次设置标准曲线和样品参数；连接发送参数，仪器初始化，检查仪器各项选择，设置标准曲线参数(浓度梯度)，输入样品信息，如图 5.39 所示。

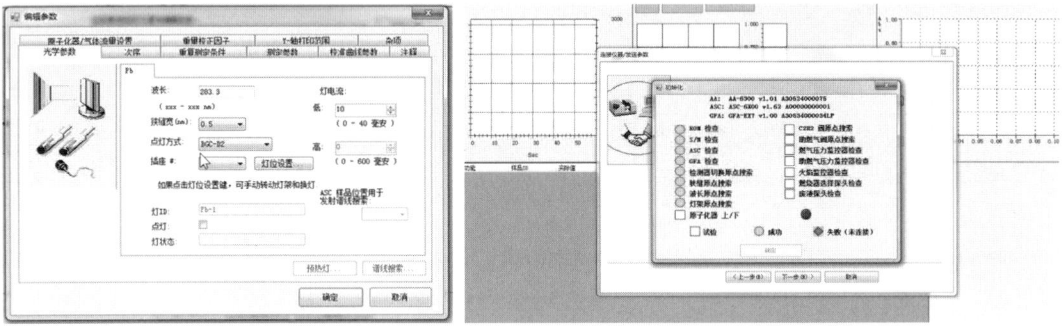

图 5.39　参数设置界面

4. 石墨炉程序调整

在所有项目检查完毕后，点击【确定】按钮(如出现燃气压力或废液罐水位低等信息可直接点击【确定】)。初始化完成后，点击【确定】按钮关闭“初始化”屏幕。只进行石墨炉测定的设置和不执行火焰测定。调节石墨炉管口位置(粗/细脉冲微调进样针)，执行石墨管清洁程序，如图 5.40 所示。

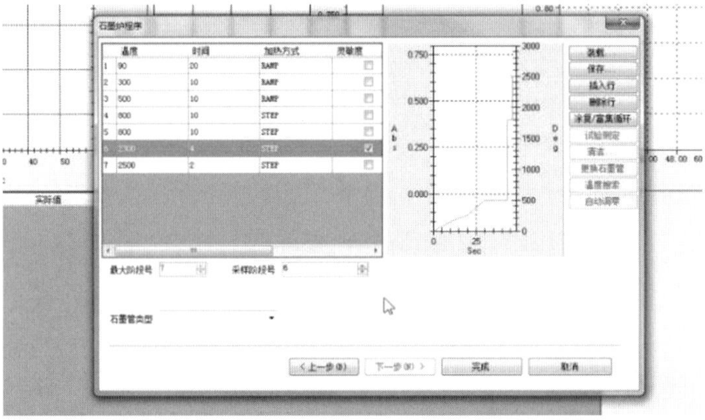

图 5.40　石墨炉参数设置界面

5. 样品检测与数据分析

依次检测空白样、标准溶液及未知样品，记录吸光度。工作站自动生成标准曲线，计算未知样铬浓度，如图 5.41 所示。

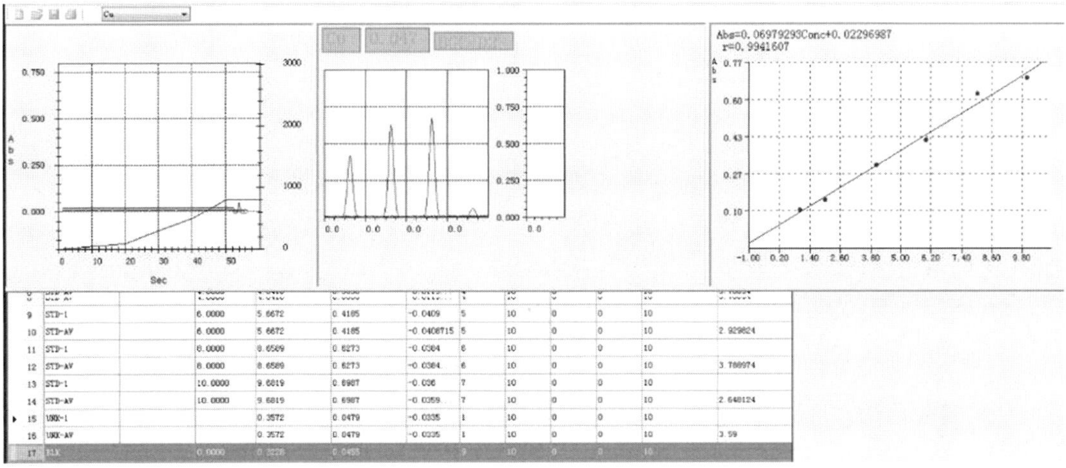

图 5.41　样品测试界面

6.仪器维护与拆解(拓展模块)

在“维护与故障”模块模拟日常维护(清洁、压力检查),通过“仪器拆解”功能,360°观察关键部件结构及工作原理。

五、注意事项

(1)严格按照流程开启仪器(先开氩气,后启动光谱仪)。

(2)标准曲线浓度范围需覆盖待测样品浓度。

(3)虚拟环境中仍需模拟检查废液罐水位、燃气压力等安全装置。

(4)保存标准曲线及样品检测结果,确保分析准确性。

六、思考题

(1)原子吸收光谱法中,为何需使用空心阴极灯作为光源?

(2)标准曲线法的定量依据是什么?若某样品吸光度超出曲线范围,应如何处理?

(3)虚拟仿真实验中,石墨炉法与火焰原子化法在灵敏度上有何差异?结合实际应用说明原因。

七、拓展内容

(1)调研原子吸收光谱法在环境监测(如水体铬污染)与食品检测(如重金属残留)中的应用案例。

(2)比较石墨炉法与火焰原子化法的优缺点,探讨如何通过程序升温提高检测灵敏度。

实验四十九 气相色谱法测定蔬菜和水果中有机磷类农药残留

一、实验目的

（1）掌握气相色谱法（GC）的基本原理及其在农药残留检测中的应用。

（2）熟悉有机磷类农药残留检测的虚拟仿真操作流程，包括样品前处理、标准溶液配制、仪器参数设置及数据分析。

（3）理解火焰光度检测器（FPD）的工作原理及适用场景。

（4）通过虚拟仿真实验，培养规范操作意识及实验数据分析能力。

二、实验原理

气相色谱法的分离机制基于不同组分在固定相（色谱柱）与流动相（载气）之间的分配系数不同。待测样品经汽化后由载气带入色谱柱，各组分在两相间反复分配，由于分配系数不同，最终实现高效分离。分离后的组分依次进入检测器，转化为电信号并形成色谱图。通过对比标准品的保留时间可定性识别目标物，而峰面积或峰高则用于定量分析，其线性关系可通过标准曲线确定。该方法具有分离效率高、分析速度快（通常单次分析在30 min内完成）的特点，适用于挥发性及半挥发性有机磷农药的检测。

有机磷化合物在火焰光度检测器中燃烧时，生成含磷自由基（如 HPO＊），这些自由基与激发态硫结合后释放特定波长（526 nm）的光信号。光强度与农药浓度呈正比，通过光电倍增管转换为电信号，实现高灵敏度检测（检出限可达 0.001～0.1 mg/kg）。火焰光度检测器对磷元素具有高度选择性，可有效排除基质干扰，尤其适用于复杂样品（如蔬菜、水果）中有机磷残留的精准测定。

本实验利用气相色谱的高效分离与特异性检测能力，辅以虚拟仿真的安全预演，形成一套完整的有机磷农药残留分析体系，符合国家标准《食品安全国家标准　植物源性食品中90种有机磷类农药及其代谢残留量的测定　气相色谱法》（GB 23200.116—2019）对灵敏度、准确度与操作规范的要求。

三、实验试剂及设备（虚拟仿真环境）

1. 试剂

乙腈（提取溶剂）、氯化钠（盐析剂）、丙酮（氮吹后定容溶剂）、有机磷农药标准品（敌敌畏、甲拌磷、氧乐果等）。

2. 设备

匀浆机、氮吹仪、旋涡混合器、气相色谱仪（配备 FPD 检测器）、气相色谱虚拟仿真系统。

辅助工具：天平、离心管、滤纸、色谱样品瓶、移液管。

四、实验步骤

1. 软件启动与模式选择

启动软件，输入个人信息，选择“实践训练营”模式，加载“有机磷农药残留检测”项目。

2. 样品前处理

制样室：切取梨样品→细碎处理→称量后转移至前处理室。

前处理室：加入乙腈匀浆→过滤→旋涡混合→氮吹浓缩→丙酮定容→分装至色谱样品瓶。

3. 标准溶液配制

在标准溶液室选择有机磷农药种类（如敌敌畏），配制浓度梯度为 0.2～1.0 μg/mL 的混合标准液。

4. 气相色谱仪操作

参数设置：进样量为 1 μL；进样口温度为 220 ℃；色谱柱流速为 10 mL/min；检测器温度为 250 ℃。

样品分析：将标准液和未知样品依次装入自动进样盘→启动工作站→运行方法→获取色谱图。

5. 数据分析

自动积分→校正表建立→绘制标准曲线→计算未知样品浓度→生成实验报告。

五、注意事项

(1)严格按照步骤操作，避免跳步导致实验失败。参数设置需准确（如温度、流速），否则影响分离效果。

(2)及时记录色谱图积分结果和标准曲线数据。

(3)虚拟实验中需模拟关闭气瓶和仪器电源，培养规范操作习惯。

六、思考题

(1)为何有机磷检测推荐使用 FPD 检测器？与 μ一电子捕获检测器的适用场景有何区别？

(2)氮吹步骤的目的是什么？若省略此步骤，可能对实验结果产生什么影响？

(3)若色谱图中出现拖尾峰，可能由哪些因素引起？如何调整参数优化分离效果？

七、拓展内容

(1)调研国内外有机磷农药残留的限量标准，分析本实验结果是否符合要求。

(2)查阅文献，比较气相色谱法与液相色谱一质谱联用（LC-MS）在农药检测中的优缺点。

(3)设计虚拟实验改进方案（如优化前处理方法或检测参数），提交实验报告。

实验五十 高效液相色谱法测定药品中磺胺甲噁唑、甲氧苄啶含量

一、实验目的

(1)掌握高效液相色谱的基本原理及其在药品含量测定中的应用。

(2)熟悉安捷伦 1260 液相色谱仪仿真软件的操作流程,包括流动相制备、样品处理、色谱分析及数据处理。

(3)学习外标法计算药物浓度的原理与方法,理解影响色谱分离度的关键因素(如流动相组成、流速、色谱柱选择等)。

二、实验原理

HPLC 通过固定相与流动相之间的分配差异实现组分分离。磺胺甲噁唑(SMZ)和甲氧苄啶(TMP)作为极性不同的化合物,在反相色谱柱(如 C18 柱)中保留行为不同:磺胺甲噁唑因磺酰胺基团和苯环结构极性较低,保留时间较短;甲氧苄啶因嘧啶环和甲氧基极性稍高,保留时间较长。这种差异使得两者在色谱柱中能有效分离。

磺胺甲噁唑和甲氧苄啶均含苯环等共轭结构,在紫外区有强吸收。针对制剂中两者含量差异(通常 $m_{SMZ}:m_{TMP}=4:1$),选择检测波长为 240 nm,可显著提高 TMP 的检测灵敏度。片剂或颗粒样品经粉碎后,用甲醇溶解并超声提取,过滤后加入内标物(如磺胺二甲嘧啶),以消除进样误差并提高定量准确性。对于复杂基质(如血浆),需乙腈沉淀蛋白后取上清液进样。

通过对比供试品与对照品的峰面积(或峰高),计算样品中目标成分的含量。

三、实验试剂及设备(虚拟仿真环境)

1. 虚拟试剂

0.1 mol/L 盐酸溶液、水—三乙胺(799:1)(流动相 A)、乙腈(流动相 B)。对照品溶液:磺胺甲噁唑(440 μg/mL)、甲氧苄啶(89 μg/mL)。展开剂:三氯甲烷—甲醇—二甲基甲酸胺(20:2:1)。

2. 虚拟设备

安捷伦 1260 液相色谱仪(含泵、自动进样器、紫外检测器)、超声仪、溶出度仪、硅胶 GF254 薄层板、Empower Pro 工作站。

四、实验步骤

1. 软件启动与登录

双击桌面快捷方式或运行 PISPNETRun.exe,输入姓名、学号,选择“单机练习”模式。

2. 样品前处理(虚拟操作)

研磨与溶解:取 10 片药品研细,精密称取约 44 mg 磺胺甲噁唑,加 0.1 mol/L 盐酸超

声溶解，定容至 100 mL 后用注射器抽取溶液，通过滤膜过滤至样品瓶。

3. 色谱条件设置

新建仪器方法：在弹出的向导中选择流量页签，输入流量为1 μg/mL；水一三乙胺(799：1)为 80%；乙腈为 20%。

选择 W2489，在通道 A 页签，灯开启，波长为 240 nm，菜单上选择另存为，保存仪器方法，如图 5.42 所示。

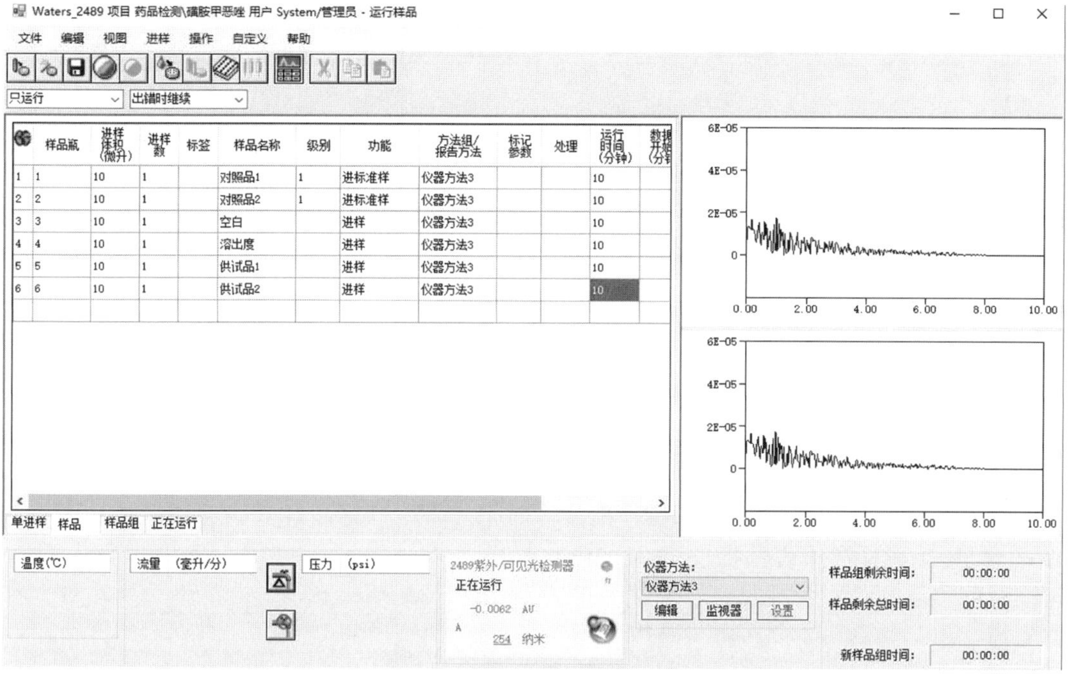

图 5.42　色谱条件设置界面

4. 工作站操作

编辑方法：新建方法组，设置流动相比例、流速及检测参数。

编辑样品组：依次输入对照品、空白、供试品信息，设置进样体积(10 μL)。

分析运行：平衡系统至基线稳定，启动自动进样器采集数据。点击“保存”按钮，保存样品组方法，点击绿色按钮弹出“运行样品组”，点击“运行”，开始采集，如图 5.43 所示。

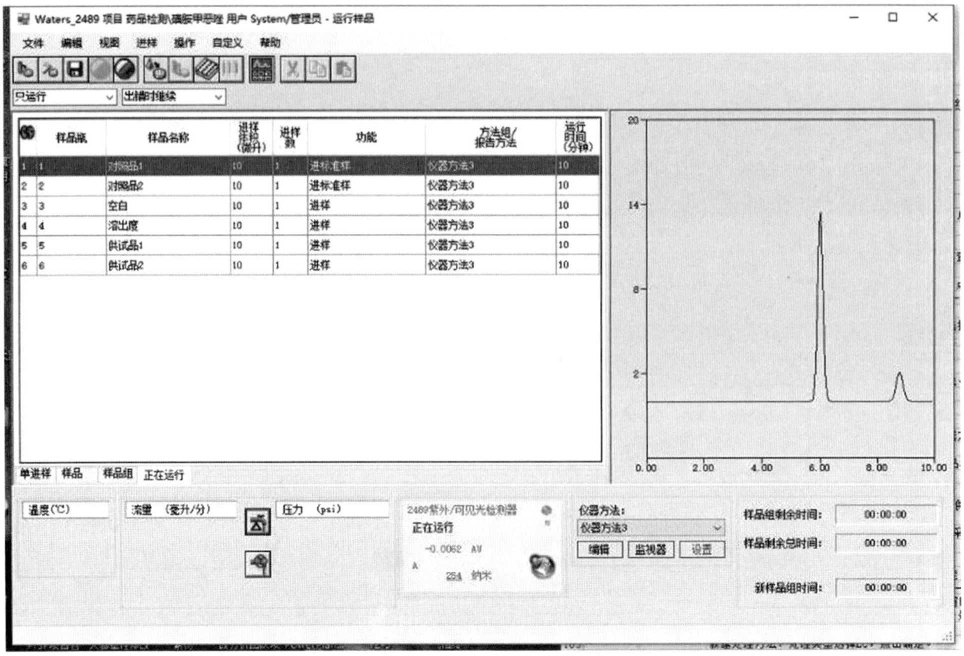

图 5.43　色谱测试界面

5.数据分析与报告生成

使用 Empower Pro 处理色谱图，积分峰面积。采用外标法计算磺胺甲噁唑和甲氧苄啶的含量，生成检测报告并提交，如图 5.44 所示。

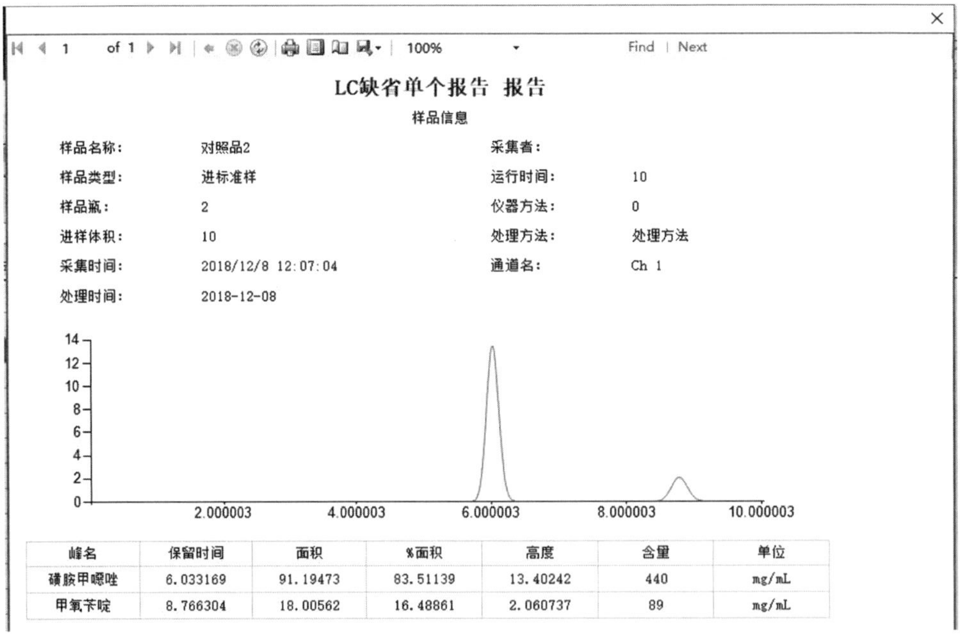

LC缺省单个报告　报告

样品信息

样品名称：	对照品2	采集者：	
样品类型：	进标准样	运行时间：	10
样品瓶：	2	仪器方法：	0
进样体积：	10	处理方法：	处理方法
采集时间：	2018/12/8 12:07:04	通道名：	Ch 1
处理时间：	2018-12-08		

峰名	保留时间	面积	%面积	高度	含量	单位
磺胺甲噁唑	6.033169	91.19473	83.51139	13.40242	440	mg/mL
甲氧苄啶	8.766304	18.00562	16.48861	2.060737	89	mg/mL

图 5.44　报告生成界面

五、注意事项

(1)严格按流程点击操作,避免跳步或误点导致数据错误。
(2)超声溶解后需定容至刻度,否则浓度计算不准确。
(3)流动相比例、流速需与实验要求一致,否则影响分离效果。
(4)对照品与供试品需平行操作,确保峰面积积分正确。

六、思考题

(1)外标法与内标法有何区别?本实验为何选择外标法?
(2)流动相中三乙胺的作用是什么?若比例错误会对分离产生何种影响?
(3)若色谱峰出现拖尾或分叉,可能由哪些因素引起?如何优化?
(4)超声处理样品时为何需先溶解再定容?顺序颠倒会怎样?

七、拓展内容

(1)查阅文献,了解 HPLC 在抗生素类药物质量控制中的应用(如复方新诺明片)。
(2)尝试调整流动相比例或流速,观察色谱图变化,分析其对分离度的影响。
(3)学习《中国药典》中关于磺胺甲噁唑和甲氧苄啶的含量测定标准。

实验五十一　气相色谱—质谱法测定青菜中拟除虫菊酯的残留量

一、实验目的

(1)掌握气相色谱—质谱(GC-MS)法的基本流程,包括仪器启动、参数设置、样品分析及数据处理。

(2)理解 GC-MS 法的原理及其在农药残留检测中的应用。

(3)学习外标法定量分析方法,完成青菜中拟除虫菊酯(氯氟氰菊酯、氯氰菊酯、溴氰菊酯)的定性与定量检测。

(4)熟悉虚拟仿真软件的操作界面及评分机制,培养规范化的实验操作习惯。

二、实验原理

气相色谱(GC)通过固定相(色谱柱)与流动相(惰性气体如氦气)的相互作用,利用不同组分在固定相上的吸附/分配系数差异实现分离。拟除虫菊酯类化合物经汽化后随载气进入色谱柱,因分子极性和沸点不同产生保留时间差异,从而实现分离。虚拟仿真中,学生可通过调整柱温程序、载气流速等参数,观察分离效果的变化。

质谱(MS)通过电子轰击离子源(EI)将分离后的组分电离为碎片离子,经四级杆质量分析器按质荷比(m/z)筛选后形成特征质谱图。虚拟系统通过动画展示离子化过程及质量分析器工作原理。定性分析时,实验软件内置质谱标准图库(如 NIST 库),通过比对样品与标准谱图的特征离子峰及保留时间,确认目标化合物。GC 的高效分离与 MS 的高灵敏度结合,适用于复杂混合物的痕量分析。配制系列浓度标准溶液,建立目标物峰面积与浓度的线性关系，通过样品峰面积计算残留量。

虚拟实验中，学生可模拟标准曲线绘制、数据拟合及结果计算过程。3D建模还原GC-MS的进样系统、离子源、检测器等核心部件，通过交互操作学习仪器构造。虚拟实验中进行检测全流程模拟，涵盖样品前处理（如固相萃取）、仪器参数设定（如离子源温度、扫描模式）、数据采集与分析等模块。基于真实实验数据构建算法，模拟不同条件下（如柱温梯度、离子化能量）对分离效果和检测灵敏度的影响。

气质联用技术兼具高分离效能（GC）与高灵敏度、高特异性（MS），可同时实现多残留农药的定性与定量分析。虚拟仿真实验通过可视化操作和实时反馈，使学生掌握仪器操作规范、参数优化逻辑及数据处理方法，规避真实实验中的安全风险与设备损耗。

三、实验试剂及设备（虚拟仿真环境）

1. 虚拟试剂

标准溶液：氯氟氰菊酯、氯氰菊酯、溴氰菊酯的模拟中间工作液。虚拟载气为氦气（He），碰撞气为氮气（N_2）。

2. 虚拟设备

安捷伦7000系列三重四极杆GC-MS仿真系统、虚拟自动进样器、真空系统（机械泵＋分子涡轮泵）、MassHunter数据采集及分析软件。

四、实验步骤

1. 实验前准备

进入实验室前，在右侧选择实验装备，穿戴好实验服、护目镜及手套（虚拟界面中选择并穿戴）。通过右侧工具栏搭建实验流程，熟悉关键步骤顺序。

2. 仪器开机与调谐

进入气瓶区，鼠标移至氦气瓶主阀门，此时阀门发亮。滚动鼠标滚轮，逆时针旋开阀门，打开氦气气瓶，确认氦气供应充足。鼠标移至氦气瓶支路阀，此时阀门发亮。滚动鼠标滚轮，顺时针旋转阀门，调节“分压表”的示数至0.5 MPa。定量实验时打开氮气瓶，调节碰撞气压力至0.15 MPa，如图5.45所示。

3. 仪器启动

依次开启气相色谱仪、质谱仪、计算机电源。启动MassHunter软件，加载调谐文件，完成质谱调谐并保存结果。

4. 实验方法编辑

实验方法编辑包括气相色谱参数的编辑和质谱参数的编辑。

气相色谱条件：进样口温度为280 ℃；载气（氦气）流速为1.0 mL/min；碰撞池氮气和氦气关闭；进样量为1.0 μL；隔垫吹扫流量为3 mL/min；进样模式为不分流；分流出口吹扫流速为50 mL/min，1.25 min后开启吹扫。

程序升温：初始温度50 ℃，保持2 min，以10 ℃/min升温至180 ℃，以3 ℃/min升

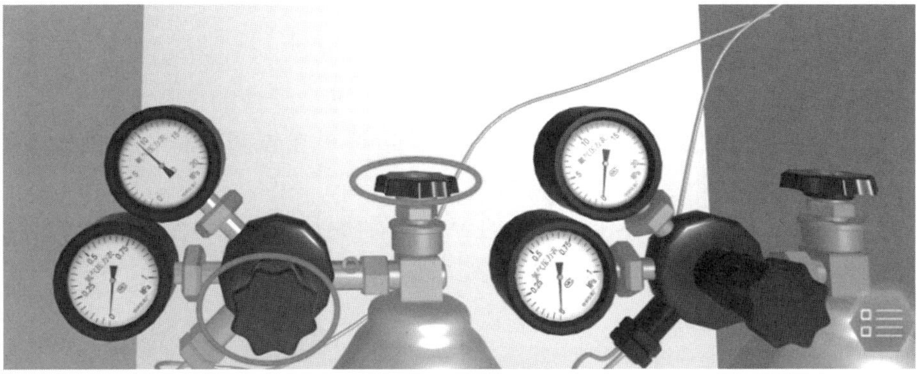

图 5.45　气瓶调节界面

温至 270 ℃，并保持 14 min。

质谱条件：采集模式为 MS1 全扫描模式；EI 离子源温度为 280 ℃，电压自动为 −70 eV；MS1 四极杆温度为 150 ℃；MS2 四极杆温度为 150 ℃；溶剂延迟时间为 3 min；峰宽为 0.7，检测器设置默认为增益，增益参数为 1。

保存方法：命名并存储编辑好的方法文件。

5. 样品分析

进样：将虚拟样品盘(含标准溶液及待测样品)放入自动进样器。

运行方法：观察色谱分离及质谱信号采集过程。

数据采集：保存数据文件至指定路径，记录色谱图及质谱图。

6. 数据分析

定性分析：提取特征离子色谱图(EIC)，通过谱库检索确认化合物。

定量分析：导入标样数据，建立外标曲线(浓度梯度 1～3 级)。计算待测样品中 3 种菊酯的残留浓度(mg/kg)。

7. 仪器关机

真空系统放空：依次点击“真空控制”“放空”，等待温度降至安全值。

关闭设备：依次关闭质谱仪、气相色谱仪、计算机及气体阀门。

五、注意事项

(1)严格按照顺序启动仪器(先开气体，后开机)，调谐未通过时需重新调整参数，确保质谱信号稳定。

(2)及时命名并保存方法和数据文件，避免覆盖。

(3)虚拟实验中仍需模拟穿戴防护装备，养成良好实验习惯。

六、思考题

(1)为何气质联用技术适合检测复杂样品中的痕量农药残留？

(2)外标法与内标法在定量分析中的主要区别是什么？

(3)若实验中色谱峰出现拖尾，可能由哪些因素引起？如何优化？

七、拓展内容

(1)查阅文献,了解气质联用技术在食品中农药多残留检测的最新进展。

(2)对比液相色谱一质谱联用技术与气质联用技术在农药分析中的适用场景及优缺点。

(3)讨论虚拟实验在仪器操作训练中的价值及局限性。

参 考 文 献

[1] 国家药典委员会.中华人民共和国药典:2020 年版.二部[S].北京:中国医药科技出版社,2020.

[2] 全国粮油标准化技术委员会.谷物碾磨制品　脂肪酸值的测定:GB/T 15684—2015[S].北京:中国标准出版社,2015.

[3] 全国粮油标准化技术委员会.玉米储存品质判定规则:GB/T 20570—2015[S]北京:中国标准出版社,2015.

[4] 全国饲料工业标准化技术委员会.饲料级 DL－蛋氨酸:GB/T 17810—2009[S].北京:中国标准出版社,2009.

[5] 国家卫生和计划生育委员会.食品安全国家标准　食品中氨基酸的测定:GB 5009.124—2016[S].北京:中国标准出版社,2017.

[6] 王敏.分析化学手册 2:化学分析[M].3 版.北京:化学工业出版社,2016.

[7] 国家卫生和计划生育委员会.食品安全国家标准　食品中有机酸的测定:GB 5009.157—2016[S].北京:中国标准出版社,2016.

[8] 李先贵,陈剑波,王莉,等.酱香型白酒中有机酸的分析[J].酿酒科技,2019(6):105-107,111.

[9] 唐坤甜,赵彩云,韩兴林,等.白酒味觉成分有机酸含量分析及其对酿造工艺的影响[J].食品与发酵工业,2016,42(7):202-208.

[10] 全国食品工业标准化技术委员会酿酒分技术委员会.白酒分析方法:GB/T 10345—2007[S].北京:中国标准出版社,2007.

[11] 张素娟.气相色谱法测定白酒中乙酸乙酯含量的不确定度分析[J].食品科学,2010,31(2):151-153.

[12] 王延云,胡强,李超豪,等.气相色谱测定白酒中乙酸乙酯含量的方法[J].食品研究与开发,2013,34(16):91-93.

[13] 臧光楼,司波,姜雪,等.不同前处理方式下 GC-MS 法分析白酒中微量成分[J].酿酒,2011,38(4):53-56.

[14] 黄伟.白酒中乙酸乙酯内标法与外标法的比较[J].质量技术监督研究,2014(6):40-42.

[15] 邸欣.分析化学实验指导[M].5 版.北京:人民卫生出版社,2023.

[16] 马永强,邓倩,范洪臣,等.高效液相色谱法测定发酵液中有机酸的优化研究[J].中国调味品,2019,44(10):18-25.

[17] 李风华.液相色谱法测定山梨醇等几种多元醇的含量[J].当代化工,2008,37(6):669-671.

[18] 谷淑波，樊广华，张晓艳. HPLC 法快速测定墨西哥玉米和苏丹草中的糖类[J]. 现代仪器，2005,11(6)：25-26.

[19] 林长钦,李颖怡,刘垚.高效液相色谱示差法测定蜂蜜中的果糖、葡萄糖、蔗糖[J].广东农业科学,2010,37(4):254-256.

[20] 鲁玉侠.高效液相色谱法检测橄榄果酒中的 Vc 和糖类物质[J]. 现代食品科技，2011，27(7)：861-862.